발견의 기쁨

물리학의 뒷 이야기

피터 프로인트 저
김경태 · 최귀덕 공역

발견의 기쁨 물리학의 뒷 이야기

초판인쇄 2015년 7월 20일
초판발행 2015년 7월 24일

공 저 김경태, 최귀덕

펴 낸 이 김재광
펴 낸 곳 솔과학

출판등록
주 소 서울시 마포구 독막로 295번지, 302호(염리동 삼부골든타워)
대표전화 02-714-8655
팩 스 02-711-4656
E-mail solkwahak@hanmail.net

ISBN 978-89-92988-28-5

값 15,000원

발견의 기쁨

물리학의 뒷 이야기

솔과학

서문

뉴턴(Newton)으로부터 물리학이 시작된 지 벌써 5세기가 지났다. 지금까지 5세기 동안 계속되고 있는 물리학의 탐구에 대한 이야기는 물리학 본연의 아름다움을 넘어서 감격적이고 흥미로운 인간의 이야기들로 이루어져 왔다. 첫 시작인 갈릴리(Galile)의 이야기는 물리학자들과 물리학자가 아닌 사람들 모두를 매혹시켰다. 지난 여러 해 동안 나는 수많은 그런 이야기들을 들어왔고 또 직접 보았다. 이러한 이야기는 과학의 진보라는 거대한 이야기 안에서 사람들의 얼굴과 이름을 떠올리게 하였고, 일반적으로 입에서 입으로 전해져왔다. 내가 장이론 강의를 하던 중, 에미 뇌터(Emmy Noether)의 기본 정리 부분을 끝내고, 나는 항상 이 유명한 수학자의 감동적인 이야기를 해주면서 학생들에게 숨 돌릴 시간을 주곤 했다. 학생들은 내 이야기에 완전히 빠져들었으며, 강의실에서 바늘 떨어지는 소리까지 들을 수 있었다. 내가 그런 이야기들을 책으로 쓰고 싶다는 생각은 물리학자들이 가지고 있는 재미나는 일화와 흥분을 전하고 싶은 마음뿐 아니라 물리학자들의 생애가 어떤 역사의 자애로운 힘이나 악의적인 힘에 의하여 어떻게 영향을 받는지를 전하고 싶은 마음에서 나오게 되었다.

이 책은 전체적으로 서로 연관되는 물리학의 중요한 주제를 중심으로 구성된 여러 개의 일화와 이야기들로 되어있다. 이 책에서 나는 모든 과학자들이 성취하려고 했던 것, 즉 그들의 깊은 동기가 분명히 지엽적이 아닌 자연의 본질적 측면을 이해하려고 했던 것이라는 점을 강조하고, 적어도 물리학 연구의 아름다운 목적에 대한 일반적인 의견을 쓰려고 노력했다. 무엇보다도 이 책은 아주 재능 있는 사람들이 피할 수 없는 역사적 현실 속에서 이상주의적이라고 할 수 있는 목적에 그들의 일생을 바칠 때 어떤 일이 일어나느냐에 관한 이야기들을 다루고 있다.

앞에서 나는 물리학의 아름다움이라는 말을 썼는데, 이 말에 대한 설명을 해야겠다. 일반적으로 사람들은 아름다움을 예술품과 연관시킨다. 루브르 박물관에 전시되어 있는 장 오귀스트 도미니크 앵그르(Jan-Auguste-Dominique Ingres)의 그랑드 오달리스크(Grande Odalisque)가 왜 아름다운지를 설명하는 것은 어렵지 않다. 그것의 형체는 뛰어나며, 색상은 풍부하고 육감적이다. 그리고 광을 내는 피부의 결은 완벽에 가깝다. 모든 것이 너무나 자연스럽고 너무나 우아하다. 우리는 자연스러움과 우아함(간결함), 이 두 성분들을 과학에서도 발견할 수 있다. 물리학 연구의 궁극적 핵심은 예전에는 관련이 없다고 생각한 여러 개념들이 하나의 의미 있는 전체로 연결되면서 훨씬 더 쉽게 이해되고 우리 앞에 완전히 새로운 가능성을 열어주게 한다는 것이다.

예를 들면 아인슈타인의 일반 상대론(general relativity)이 알려지기 이전에는 시공간의 형태는 일반적으로 1차원인 시간과 3차원인 공간으로 된 연속체의 모양이라고 가정되었다. 더 솔직히 말하면 그렇다고 추측되었다. 그리고 나서는 이 추측된 공간 안에서 어떻게 물질에 의해 중력이 생기고 그 중력이 물질의 움직임에 영향을 주는지에 대한 문제를 연구했었다. 공간의 형태 자체는 이러한 연구와는 관련이 적을 뿐만 아니라 이 연구에 의하여 영향을 받지도 않았다. 그러나 일반 상대론이 공식화되고 실험적으로 증명되었을 때, 물질과 중력의 상호 작용이 바로 공간의 형태를 결정한다는 사실이 밝혀졌고, 그 후로 공간의 형태에 대한 추측은 더 이상 필요하지 않았다. 다시 말해 두 독립적인 연구들이 큰 전체의 다른 면들을 반영한다는 것이 판명된 것이다. 이 결과 공간의 진화가 연구될 수 있었고 근대 우주론이 탄생했다. 얼마나 우아하고 얼마나 자연스럽고 얼마나 간결한가! 그리고 얼마나 아름다운가!

나는 이 책의 이야기를 선택하는데 몇 개의 기준을 정했다. 우선 내가 이 책을 쓰는 데는, 어떤 숨은 의도가 없다는 것을 밝히기 위해, 내 자신의 연구와 관련이 있는 것은 가능한 제외하려고 노력했다. 또한 파인만(Feynman)의 미국의 유인 우주왕복선 챌린저호(Challenger)의 참사 조사에 참여한 이야기나 2차 대전 중 하이젠베르크(Heisenberg)와 보어(Bohr)의 만남 같은 잘 알려져 있는 이야기들은 멀리했다. 그리고 이 이야기들이 정확한지 의식적으로 확인하려고 노력하였고 대부분은 나의 좋은(그러나 틀릴 수도 있는) 기억에 의존했다. 만약 이 책에 부정확한 것이 있으면 나는 먼저 사과하고 고칠 준비가 되어있다. 그러나 나는 내가 쓰고 있는 사람들에 대한 나의 깊은 사랑과 존경이 이 책을 통해 빛나길 바란다. 이야기 자체를 보면 이 책은 일부 "무거운 내용"들을 포함한다. 그러나 만약 그 이야기들이 그렇게 주목할 만한 가치가 없고 중요하지 않거나 영향력이 없었다면, 나는 그러한 것들을 쓰지 않았을 것이다.

나는 종종, 내가 다루고 있는 사람들의 사고방식을 이해하려고 노력했다. 그럼에도 불구하고 내 해석의 일부가 분명히 논쟁을 일으킬 수 있을 것이다. 이것은 어떻게 보면 당연한 일일 것이다.

이 책에 있는 모든 축어적 인용들은 내가 기억하는 것들이나 내가 말했다고 들은 것들을 묘사한 것이다. 나는 이 인용들의 요점을 정확히 이해했기를 진심으로 바라고, 그들의 입을 빌려 한 말들이 때에 따라 조금 고통스러울 수도 있지만 편안하고 유쾌하게 잘 이해되길 바랄 뿐이다.

이 책은 물리학과 그 뒷이야기에 관한 것이다. 처음에는 이 두 개가 아무런 공통점이 없다고 생각할 수 있다. 그럼에도 이들은 아주 가깝게 연결되어 있다. 일반적으로 무엇을 이해 한다는 것은 그것을 이야기 형태로 표현할 수 있다는 것이다. 다시 말해서 만약 우리가 물리학 자체에서 숨은 이야기의 구조를 발견한다면 놀라울 것이 없다는 것이다. 실제로 물리학에는 세 가지 이야기 구조가 있다.

첫째로, 각 물리학 혹은 수학 논문은 그 자체의 이야기 구조를 가지고 있다. 증명들은 순간적인 것이 아니고, 때를 맞추어 개발된다. 재미있는 추리소설을 읽듯이 물리나 수학 논문을 예를 들어 보자. 여기서 주인공들은 여러 개념들이다. 그들의 모험은 논문의 모든 수식들을 통해 표시되고 마지막에는 그들은 변화되거나 새로운 개념으로 탄생된다. 물론 이런 이야기에는 보조역을 하는 인물들도 포함되나, 우리는 그들이 어떻게 되는지 별로 상관할 필요가 없다. 놀라울 것 없이 논문의 끝에서 우리는 "우리는 이점에 관하여 다시 이야기할 기회가 있길 바란다." 같은 말들을 종종 보는데, 그러한 논문들은 실제로 할리우드 영화에서 말하는 속편에 해당되는 후속논문으로 이어진다.

둘째 단계에서는 모든 물리학을 통하여 흐르는 이야기, 즉 과학의 장엄한 이야기가 있다. 통괄적으로 이 이야기 안에서는 여러 가지 이론들이 주인공이다. 그들은 변화하고, 궁극적으로는 더 좋은 것으로 발전하거나 완전히 새로운 것으로 진화한다. 하나의 중요한 논문이 쓰여질 때마다 종전의 논문들은 암암리에 다시 쓰여지고, 우리는 몇 세기가 걸려서 발견된 것들을 몇 년 안에 젊은이들에게 쉽게 설명할 수 있게 된다. 비슷한 일들은 예술계에서도 일어난다. 소설가나 작가들은 글을 쓰기 시작하기 전에, 롱구스(Longus)와 페트로니우스(Petronius)의 작품으로 시작해서 그 동안 발간된 모든 소설을 읽지 않는다. 그 이유는 각 새로운 소설들이 지난 소설들의 지혜를 어느 정도 담고 있으며, 그것을 반영하기 때문이다. 톨스토이(Tolstoy)가 안나 카레니나(Anna Karenina)라는 작품을 썼을 때, 엠마 보바리(Emma Bovary)는 다시는 떼어 놓을 수 없는 동반자를 얻었던 것처럼 말이다.

마지막으로 물리학이 대화 구조를 가지는 세 번째 단계가 있다. 다시 말해서, 우리 인간의 삶으로 드러나는 것이다. 모든 과학이나 예술과 마찬가지로, 물리학도 인간이 하는 일이고 그 일을 하는 물리학자들은 서로 밀접히 사귀고 교류한다. 적절한 환경에서 일어나는 이들의 상호 교류는 빛나는 연구 결과와 아름다운 우정을 가져온다. 그러나 다른 면들도 있다. 물리학자들은 상아탑에서 살지 않으며 역사의 폐허에서 보호되지도 않는다. 아주 극적인 사태가 종종 불합리한 역사와 정치의 힘에 의하여 유발되기도 한다. 그리고 내가 관찰할 수 있었던 사람들의 이러한 삶이 내가 여기서 다루는 이야기의 초점이다.

내 생애동안 나는 역사에 의해 되풀이되는 연극들을 목격할 만한 기회를 내가 원했던 것보다 더 많이 가졌다. 이 연극들은 모든 사람들에게, 특히 물리학자든 수학자든 생물학자든, 과학자들에게 지울 수 없는 흔적을 남겼다. 내가 어린 시절을 보냈고 대학을 다녔던 루마니아에서는 전쟁 국수주의 독재자의 몰락 후에 순수 스탈린주의자(Stalinist)의 등장으로 무산계급 독재자의 시대가 전개되었다. 1956년 헝가리 의거는 나의 고향 티미소아라(Timisoara)에 여러 사건들을 불러 일으켰다. 그 당시 폴리테크닉 대학(Polytechnic Institute)의 학생이었던 나는 다른 학생들과 함께 군인들에 붙들려 일렬로 선 채, 우리들에게 대포를 겨누고 있는 장갑차들 앞에 줄을 서서 마지막 운명을 기다리고 있었다. 그러나 분명히 어떤 이상한 이유로, 한편으로는 우리들에게는 운 좋은 이유로 공산당 책임자는 우리들을 없애지 않기로 결정했으며 우리는 살아났다. 그러나 이 사건은 나의 정치적 반란에 대한 민감성을 높이게 되었다. 나는 이 사건을 통해서 20세기를 문화적이라고 생각하면서 만났던 많은 물리학자들이 세상에 살면서 너무 자주 그리고 예상치 않게 나타난 위기들을 어떻게 대처해 나갔는지, 그 방법들에 대해 매우 많은 관심을 갖게 되었다.

비엔나 대학에서 대학원 학생 시절, 박사 과정 이후 제네바 대학과 프린스턴의 프린스턴 고등연구소 연구원, 그리고 시카고 대학에서 여러 해의 교수 생활을 하는 동안, 나는 자연의 모든 것을 설명할 수 있으리라 기대되는 오늘날의 "끈 이론(string theory)"의 바탕이 되고 있는 개념들의 발전에 참여하고 공헌할 기회를 가졌다. 이 여러 해 동안 나는 이 이론의 발전에 공헌한 사람들, 20세기 큰 사건들의 뚜렷한 영향을 입은 물리학자들과 가까운 접촉을 하고 있었고 같은 경험을 한 다른 물리학자들과 서로 그물처럼 엉켜있음을 알았다. 이러한 연관성을 바탕으로 나의 머리에 하나의 그림 즉 하나의 이야기가 형성되기 시작했고 이 괄목할만한 사람들의 이야기들이 의미 있는 전체로 조직화 되었다. 흥미롭게도 이 중요한 인간 이야기들이 물리학 자체의 이야기와 뒤얽히면서 나에게 이 책의 개념적 내용을 제공했다.

Peter Freund

Chicago

Spring, 2007

감사의 말

매우 오래 전에 영국의 수리 물리학자 닉 맨튼(Nick Manton)이 이 책과 비슷한 책을 쓰는 것이 좋을 것이라는 생각을 처음으로 나에게 제의했다. 그 당시 나는 젊은 물리학자들을 대상으로 이들 이야기가 세월의 흐름과 함께 잊혀지지 않도록 하기 위해 책을 쓰는 것이 좋겠다고 생각했다. 최근에는 나의 딸 캐롤라인 프로인트(Caroline Freund)와 사위 시몬(Simon Djankov)도 비슷한 제의를 했다. 그러나 그들은 다른 독자들을 마음에 두고 있었다. 그들은 다른 분야의 사람들도 이 이야기들에 관심이 있을 것이라는 것을 확신하고 있었다. 내가 이 책을 쓰기로 마음먹고 내 손가락이 자판을 두들기기 시작하자 많은 친구들과 때로는 옛날 친구들 또한 원고를 읽고 솔직한 반응을 제공하면서 나에게 아낌없이 그들의 시간을 보태 주었다.

내 아내 루시(Lucy)는 내가 새로 쓴 문장을 그녀에게 읽어주는 것을 기다릴 수 없을 정도로 이 책의 이야기에 빠져들었다. 그녀의 웃음과 놀람은 내가 무슨 잘못을 저지를 지라도, 독자를 지루하게 하는 치명적인 잘못은 저지르지 않을 것이라는 확신을 주었기 때문에 이 글을 쓰는데 매우 도움이 되었다.

나의 지도 교수였던 월터 티링(Walter Thirring)이 원고를 읽고 의견을 주신 것은 특별한 명예이며 큰 기쁨이었다. 나는 그에게 많은 신세를 지고 있다.

많은 시간과 상세하고 유용한 논평들을 제공한 데이비드 페얼리(David Fairlie), 월리 그린버그(Wally Greenberg), 에밀과 조앤 마르티네스(Emil and Joann Martinec), 난부 요이치로(Yoichiro Nambu), 라인하르트 오흐메(Reinhard Oehme) 그리고 이제 고인이 된 마팔다 오흐메(Mafalda Oehme), 재키 샌더스(Jacqui Sanders) 그리고 유일하게 대단히 그리운 고(故) 발렌타인 텔레그디(Valentine Telegdi)에게 특별한 감사를 표한다. 그들의 의견은 나로 하여금 원문의 정확성과 명료함을 개선하는데 많은 도움이 되었다.

초안에서 무엇이 잘 되었고 무엇이 제대로 되지 않았다는 것을 평가해준 나의 가까운 친구 존 라이덴(John Ryden)의 도움은 내가 여기서 말로 표현 할 수 없을 만큼 많은 도움이 되었다. 그의 도움 없이는 이 책이 원했던 목적을 달성하지 못했을 것이다.

또한 유용한 의견을 제공해주고 지지해준 나의 여러 친구들, 특히 Laurie와 Brigitte Brown, Thomas와 Jo Ann Curtright, Henry Frisch, Charles J. Goebel, Luca Mezincescu, Rafael와 Susna Nepomechie, Mircea Pigli, Jon과 Joy Rosner, John Szöke, Ben과 Anita Wolfe와 Ira Wool에게 감사를 보낸다.

나를 World Scientific의 Dorian Devins와 연결시켜준 Sultan Catto와 Brian Schwartz에게 심심한 감사를 표한다. 나는 Dorian Devins와 지적 관심에 많은 공통점이 있다는 것을 발견했고 그에게 많은 은혜를 입었다. 매우 값진 편집에 도움을 준 World Scientific의 Ian Seldrup에게도 심심한 감사를 보낸다. 또한 조기 편집에 도움을 준 Janet Young에게 고마움을 표한다.

개개인의 이름을 언급할 수 없으나, 지난 40여 년 동안 내가 만난 많은 물리학자와 수학자들에게 (공동 연구자들, 선생님들, 학생들, 동료들, 나에게 모범이 된 사람들, 그리고 나의 경쟁자들에게) 감사를 표하고 싶다. 내가 이 책을 쓰는데 적절한 마음 상태에 있게 한 것은 이들과의 깊은 상호 활동과 교류 때문이다.

마지막으로 이 책을 쓰는 동안 도덕적으로, 감정적으로 나를 후원해준 나의 직계 가족들, Lucy Freund, Pauline Freund, Caroline Freund, John Smither, Simeon Djankov, Maddie Smither, Raphi Smither, Andrei Freund, Charlotte Smither와 Marko Freund에게 나는 많은 은혜를 입었음을 밝혀둔다.

Contents

제 1 장

한때 외톨이가 된 아인슈타인

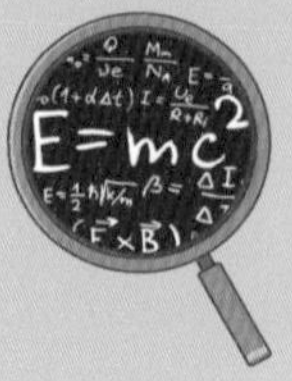

a passion for discovery

제 1 장. 한때 외톨이가 된 아인슈타인

늦은 가을 어느 날 나의 동료이며 '찬드라(Chandra)' 라고 불리우는, 항상 상류사회 품행의 축소판인 수브라만얀 찬드라세카르(Subramanyan Chandrasekha)가 매우 상기된, 아니 화가 난, 모습으로 나의 사무실을 찾았다.

"새로 발간된 슈뢰딩거(Schrödinger) 자서전 봤어?" 그가 말하는 것은 월터 무어(Walter Moore)가 쓴 오스트리아 물리학자 에르빈 슈뢰딩거(Erwin Schrödinger)에 대한 흥미 있는 책이었다. "그 책 안에 그의 정부(情婦) 다섯과 서출의 두 딸의 사진이 실려 있단 말이야!"

나는 말했다. "그래서? 물리학자들이 성인군자는 아니잖아? 그런 면에서 성인도 항상 성인이 아니잖아? 성인 어거스틴(Augustine)을 봐."

"그러나 피터, 내가 학생이었을 때 유명한 섬머필드(Sommerfield) 교수가 새로운 양자역학 강의를 하려 인도에 왔었어. 그는 물리학은 인생의 모든 것을 희생하고 오직 과학에만 자신의 삶을 바친 하이젠베르크(Heisenberg), 슈뢰딩거(Schrödinger), 디락(Dirac), 그리고 파울리(Pauli) 같은 특별한 젊은 사람들이 창조한 것이라는 인상을 나에게 심어주었고, 나는 그때 그 자리에서 그들의 모범을 따르겠다고 다짐했었고 지금까지 그렇게 살아왔어. 그런데 어떻게 이런 일이⋯."

찬드라(Chandra)의 말은 나의 호기심을 자아냈고, 나는 바로 서점에 가서 그 책을 샀다. 슈뢰딩거가 바람둥이라는 것은 나를 놀라게 하지 않았다. 나를 놀라게 한 것은 그의 아내 안네마리(Annemarie)가 20세기의 유명한 수학자 중의 한 사람인 헤르만 바일(Hermann Weyl)과 사랑을 나누었다는 것이다. 이 사실을 바람둥이로 잘 알려진 알머 말러 그로피우스 베르펠(Almer Mahler-Gropius-Werfel)이 안다면 아마 배가 아파 죽을 것이다. 나는 슈뢰딩거 부인을 학생 시절에 비엔나에서 만났다. 그녀의 저명한 남편이 사망한 후에 나는 비엔나 9번 구역에 있는 그녀의 아파트에서 여러 번 점심을 먹었다. 그녀는 잘츠부르크 출신이며 "참기 힘든 카라얀(Karajans)"의 이웃에서 자랐다. 슈뢰딩거 부인은 과부 생활을 쉽게 받아들이지 못했고, 심한 우울증에 빠져 있었다. 그래서 친구들과 의사의 권유에 따라 그녀는 점심 때 자주 손님들을 초대했는데, 그 시절에는 점심이 여전히 하루의 주식이었다. 우연히도 그녀는 비엔나에서 제일가는 요리사를 채용하고 있었다. 비엔나 어디에서도 그렇게 맛있는 보이셀과 크뇌델(어린 소의 허파로 만든 오스트리아의 명품 요리)를 먹을 수 없었다. 내가 통일장 이론(unified theory)에서 시작된 아인슈타인과 슈뢰딩거의 다툼에 대한 이야기를 처음 들은 것도 이런 점심에서였다.

통일장 이론은 우리 생활에서 중요한 역할을 하는 물체의 여러 힘과 형태들(마찰, 밀고 당기는 힘, 불, 물 등)이 전체적인 면에서 보면 그렇게 본질적이 아니라는 것을 말해 준다. 반대로 자연의 모든 현상이 몇 개의 보다 기초적인 힘과 기초적인 형태로 설명될 수 있다는 것을 깨우쳐 준다. 옛날 사람들이 일종의 일신론의 문턱에 도착할 때까지 조물주의 수를 줄여 온 것같이 자연을 이해하려고 노력하는 데에서도 자연법칙의 수를 축소하려는 노력은 지속되었고, 궁극적으로 우리를 일종의 통일장 이론의 문 앞으로 이끌어 내었다.

통일장 이론이라는 말과 같은 말을 소개할 때면, 나는 여러 세기 동안 물리학의 용어 선택에 낭비적인(과장된) 요소가 많았다는 것을 인정하지 않을 수 없다. 원자나 양자와 같은 용어는 진정으로 기본적인 물체의 형태를 찾는 과정에서 흥분한 순간에 만들어졌기 때문에 다른 용어로 대체되어야 할 운명을 갖고 태어났던 것이다. 원자란 말은 '더 쪼갤 수 없는 입자'라는 뜻으로 만들어졌으나, 후에 이는 사실이 아니라고 알려졌다. 기본힘에 대해서도 마찬가지다. 이른바 '대'통일 이론('grand' unified theory)이라는 말 또한 중력을 제외한 통일장 이론이므로 대통일이라 할 수 없기에, 후에 더 적절한 말로 대치 될 수 밖에 없는 숙명을 안고 만들어 졌다. 이 모든 과장된 용어들은 인간이 탐구에 대한 영웅심과 승리에 흥분된 상태에서는 눈앞에 전개되는 상황을 냉정하게 판단할 수 없는 자기도취의 어리석음을 범한다는 것을 우리에게 깨우쳐 주고 있다. 이것은 우리가 유럽의 대도시에서 여러 장군들과 원수들의 이름을 딴 길들을 걷다가 문득 그 장군들과 원수들이 전쟁에서 패하였다는 것을 깨닫는 것과 비슷한 맥락이다.

통일장 이론으로 가는 제일 첫걸음은 19세기에 제임스 클러크 맥스웰(James Clerk Maxwell)이 아름답고 일관된 이론으로 전기력과 자기력을 하나의 전자기 이론으로 통합시켰을 때 시작됐다. 그때에는 아직 모든 힘이 발견되지는 않았지만 맥스웰의 업적은 주목할 만한 충분한 가치가 있었다. 실제로 이 업적을 바탕으로, 20세기 초에 구스타브 미(Gustav Mie)가 모든 힘은 하나로 통일되어야 한다는 제의를 최초로 하게 되었다. 다시 말해서, 미는 통일장 이론의 자코모 마이어베어(Giacomo Meyerbeer)였다. 마이어베어의 가극들은 지금은 거의 다 잊혀졌고, 그 시대에 가극의 거장이었던 베르디(Verdi)와 바그너(Wagner)가 그의 음악을 진지하게 받아들이지 않았던 것과 같이, 미의 통일장 이론 연구도 오늘날에는 완전히 잊혀져 있으며 아인슈타인은 그의 이론을 한 번도 진지하게 취급한 적이 없다. 바그너는 그의 반유대족 사상 덕분에 마이어베어에 대한 노골적인 증오를 공개적으로 표시했고, 마찬가지로 아인슈타인의 미에 대한 본능적인 반응도 편협하지는 않았지만 반감을 드러냈다. 그럼에도 불구하고 대 가극을 마이어베어 없이는 상상할 수 없듯이(모든 음악자들이 동의할지는 모르겠지만), 미 없이 물리학자들이 그렇게 일찍부터 통일장 이론을 연구하고 싶은 욕구를 가졌을 것이라고 생각하기는 어렵다.

20세기 중반에 프린스턴에 있는 아인슈타인과 더블린에 있는 슈뢰딩거는 서로 독립적으로 중력과 전자기력만 통일할만한 가치가 있다고 생각하는 일종의 초기 통일장 이론을 연구하고 있었다. 이 두 사람은 그 당시에 밝혀지지 않았던 베타 방사선과 핵에너지의 원인이 되는 약력(weak forces)과 강력(strong forces)에 대하여는 완전히 모르고 있었다. 이들 연구의 한계는 60대의 슈뢰딩거와 70대의 아인슈타인이 통일장 이론 연구에서는 적절치 않은 거시적(고전적) 이론을 바탕으로, 원자들과 그들의 구성물들을 미시적으로 설명함으로서 더욱 심각해졌다. 그들은 미시적 수준에서는 에너지는 양자들로 방출되며, 새로운 "양자 이론"이 적용된다는 사실을 고려하지 않았던 것이다.

어쨌든, 두 물리학자는 느긋하게 이 이론을 만들기 시작했고, 그 내용에 대하여 서로 편지를 주고받았다. 그러다가 1947년에 슈뢰딩거가 통일장 이론에 관하여 강의를 했고, 그 이론의 결과와 가능성에 대하여 자기의 역할을 좀 과장을 하게 되었다. 이것이 언론에 의해 보도되면서 아인슈타인을 몹시 당황하게 만들었다. 양자역학을 무시한 비현실적인 개념을 교환한 결과로 만들어진 이 미완성된 통일장 이론을 두 나이든 물리학자는 너무 과대평가 하였으며, 서로 자기가 더 많은 공헌을 하였다고 생각했던 것이다. 이 일로 과거에 제2차 세계 대전 문제로 틀어진 일이 있던 두 베를린의 동료들은 서로 매우 불편한 관계가 되었다. 여기까지는 이이야기는 잘 알려져 있거니와, 무어(Moor)의 책에서도 잘 묘사되어 있다. 그런데 여기에는 더 재미있는 숨은 이야기가 있다.

슈뢰딩거 부인에 의하면 아인슈타인과 슈뢰딩거의 다툼은 양쪽에서 더러운 "표절"이라는 말을 쓸 정도로 치열했었고, 양쪽 다 법적 행동을 취할 것을 고려했었다. 바로 그때 적절한 중개자 파울리(Pauli)가 개입했다. 파울리는 두 통일장 이론 연구자들로부터 뛰어나고, 비판적이고, 철저히 솔직하고, 정직하다고 존경을 받는 사람이었다. 그는 그들에게 과거에 아무리 훌륭한 연구를 했더라도 만약 그들이 서로 고소한다면, 그들은 세상의 웃음거리가 될 것이라고 경고했다. 그리고 그는 "더구나 나는 도대체 왜 이렇게 야단인지 모르겠다. 이 이론은 틀린 것이다. 만약 당신들이 어떤 식으로라도 내 이름을 이 이론에 연관시키면 내가 당신들을 고소할 것이다."라고 덧붙였다. 이 엄포가 효력이 있었는지, 사태는 더 악화되지 않았다.

이 사건을 이해하는 데는 이 두 위대한 물리학자들이 노년기에 접어들었다는 사실을 알아야한다. 나이 많은 사람들은 의심이 많은 편이고, 대체로 비판적이지 않다. 여기에 더하여 아인슈타인의 진정한 맞수였던 20세기 물리학의 정점에 있었던 베르너 하이젠베르크(Werner Heisenberg)도 독자들이 추측했듯이, 새로운 통일장 이론 발견을 위해 다른 사람이 아닌 볼프강 파울리(Wolfgang Pauli)와 협력하려고 하고 있었으므로 그들은 심리적으로 심한 압박을 받고 있었던 것이다. 그런데 파울리는 현명하게도 이 모든 이론들이 부질없는 것이라 판단하고 모든것에서 출판되기 전에 손을 떼었다.

무엇이 이 거물들로 하여금 노년기에 통일장 이론을 연구하게 만들었는가? 이 질문은 두 단계로 답할 수 있다. 첫 단계는 통일장 이론의 완성이야말로 이론 물리학의 궁극적 목표이므로 이 연구를 하는 것 자체가 궁극적으로 위대한 행위이기 때문이다. 이 사람들은 여러 번 물리학에서 대단히 성공적이었던 업적을 이룬 바 있다. 그런데 나이가 들면서 자기들의 영향력이 줄어드는 것을 보자 그들은 마지막으로 제일 큰 문제(물리학을 완성시킬 수 있는 궁극적인 이론을 찾는 문제)에 한 번 더 도전하였던 것이다. 그러나 한편으로 생각하면 그렇게 한다는 것은 너무나도 이기적이었다. 왜냐하면 만약 그것이 성공한다면 그것은 모든 아름답고 간단한 물리 법칙을 다 발견 하는 것이기 때문에, 다음 세대에 남겨진 것은 그냥 정리해서 훔치거나, 아니면 아름답고 간단한 법칙이 아닌 복잡한 체계의 혼돈이론을 연구하거나, 혹은 다른 연구로 옮겨가는 것뿐이기 때문이다. 그러나 너무 걱정할 필요는 없다. 통일장 이론의 완성은 불가능 할지도 모르기 때문이다. 아마도 자연의 법칙은 이미 인간의 머릿속에 자리 잡은 것들을 제외하면, 나머지 모든 것을 아는 것이 불가능하거나, 적어도 누군가 그 모든 것을 발견했다는 것을 알게 되는 것 차제가 불가능할 것이기 때문이다. 이런 방법으로 자연은 다음 세대 물리학자들의 완전 고용을 보장해 나갈 가능성이 크다.

또 다른 면으로 보면, 이 사람들은 단지 젊은 시절에 그들에게 많은 도움이 되었던, 만족시킬 수 없는 호기심에 의하여 움직였을 수 있다. 그들은 자기들의 일생의 관심사인, 어려운 문제에 대한 답을 알기를 원했으며 그들 인생의 약속된 땅을 어렴풋이라도 보고 싶었을 것이다. 나는 그들의 동기가 무엇이었는지 안다고 단정하지 않는다. 하지만 한 가지 분명한 것은 이 모든 거장들(아인슈타인, 슈뢰딩거, 하이젠베르크, 미, 노르드스트룀(Nordström), 칼루차(Kaluza), 클레인(Klein), 그리고 바일(Weyl))이 시작했던 이 통일장 이론이 새로운 세대의 물리학자들에게 주관심사가 되었고, 그들은 아직도 이 모든 것의 이론(theory of everything)을 찾아 헤매고 있다는 것이다. 어쩌면 그것은 신기루일 수 있다. 하지만 이미 그것은 진정으로 우리의 손에 잡힐 수 있는 거리에 있는지도 모른다.

제 2 장

하이젠베르크(Heisenberg)의 차례

a passion for discovery

제 2 장. 하이젠베르크(Heisenberg)의 차례

아인슈타인과 슈뢰딩거의 완전한 실패가 있은 지 겨우 10년 후, 하이젠베르크는 그 자신의 통일장 이론 연구에 착수했다. 아직 50대인 하이젠베르크의 생각은 앞선 이들과 조금 달랐다. 좀 더 젊은 착상, 그러나 그는 아직 사과가 뉴턴(Newton)의 머리 위에 떨어지지 않은 것 같이 중력을 무시한(모든 것을 포함하지 않은) 미시적 양자 이론을 만들려고 시도했다. 그는 '모든' 것보다는 '거의 모든' 것을 통일하려 했다. 차이점은 그들이 무엇을 남겨 두었느냐에 있었다. 아인슈타인과 슈뢰딩거는 그들의 거시적 고전적 통일장 이론에서 방사능과 원자력을 빠뜨렸으나 중력은 포함시켰다. 그들에게는 사과가 떨어지는 것은 확실하였던 것이다.

하이젠베르크의 시도는 결함이 있었다. 그의 이론에 의하면 특정 물리적 과정들이 일어나게 될 확률은 음수가 된다는 상식에 벗어난 예측을 초래한다. 생각해보면 이것은 치명적인 결함이다. 만약 어떤 것이 일어난다는 것을 확신한다면 그 가능성은 1(100%)이고, 만약 어떤 것이 일어나지 않는다고 확신하면 그 가능성은 0(0%)이다. 누군가가 강한 확신을 가지고 있다고 가능성이 1을 넘을 수 없고, 반대로 그것이 일어나지 않는다고 아무리 확신을 한다해도 가능성이 0보다 작을 수는 없다. 그러나, 모든 음수는 당연히 0보다 작다. 그래서 음수 가능성을 예측하는 이론은 무의미하다는 것이다. 하이젠베르크는 이 문제를 알고 있었지만 어떻게든 해결되기를 원했다. 그는 많은 노력을 했으나, 결국 해결하지 못했다. 오늘날 그의 제안은 사람들 머릿속에서 대부분 잊혀졌다. 그럼에도 불구하고 하이젠베르크의 통일장 이론은 불완전하지만 아인슈타인과 슈뢰딩거의 초기 연구와는 달리, 우리에게 중요한 발견으로 이어지는 몇 가지 단서를 제공한다. 그는 자신에게 자연에서 어떻게 대칭성이 파괴되는가를 물었다. 그리고 그는 천재적 육감으로 이 문제가 강자성(ferro-magnetism)과 관계가 있다고 생각했다. 우리들이 알고 있는 강자성, 즉, 자연자석의 자력의 극(N극과 S극)은 정해진 우선적인 방향을 가지고 있지 않다. 자연에 존재하는 자연자석의 극은 미리 정해진 방향이 없으며 모든 방향은 임의적으로 (동일한 확률로) N극 혹은 S극이 될 수 있다. 이것이 회전 대칭성이라 불리는 것의 예시이다. 이론적으로 아무리 생각해도 우리는 자연자석의 극의 방향을 미리 정할 수 없다는 원칙이 틀렸다는 이유를 찾을 수 없다. 어느 방향에서 보아도 꼭 같은 완전하게 둥근 공과 같이 그들은 대칭적이다. 그런데도 끝에 가서는 결국 우리는 어떤 방향으로 향하고 있는 자연자석을 발견한다. 공의 중심에서 어떤 사람이 공을 손상시켜 손상시킨 곳의 방향이 다른 방향과 구분되도록 한 것처럼, 우리가 처음 말했던 대칭성의 원리를 위반한다. 어떻게 방향성이 생기는가? 어떻게 동일한 확률이 어긋나게 되었는가? 어떻게 대칭성이 파괴되었는가?

이 문제에 대해서는 나중에 더 이야기하기로 하고, 지금은 '어떻게 대칭성이 자연에서 파괴되는가' 라는 중요한 질문을 답한 후에, 하이젠베르크가 진정으로 주목할 만한 물리를 놓치게 된 과정을 살펴보자. 돌이켜 보건대 그는 그의 이론과는 무관한 많은 내용들에 집착해 있었거나 혹은 집착해 온 것처럼 보인다. 그가 젊은 시절에 가졌던 독수리같던 안목이 나이를 먹으면서 흐려졌다. 또 나이 타령인가 하겠지만, 그 당시 그는 이미 50대였다. 아인슈타인과 슈뢰딩거가 통일장 이론을 연구할 때보다는 상당히 젊지만, 그의 나이도 이야기의 한 몫을 담당했던 것에는 틀림없을 것이다. 그러나 나이 외에도 다른 것들도 있다. 제2차 세계대전 후, 하이젠베르크는 전쟁 전과는 다른 사람이었다. 그의 창의력은 전쟁 중이었던 그의 40대 때부터 떨어지기 시작했다. 그 이유를 알기 위해서는 우리는 매우 답하기 힘든 문제인 하이젠베르크의 제 3제국(the Third Reich, 나치 독일)에 대한 태도를 알아야 한다. 많은 글들(평론, 회고록, 연구 논문뿐만 아니라 연극까지)이 '그가 원자폭탄을 만들지 못했는가 아니면 만들지 않았는가' 라는 문제를 다루고 있다. 대부분의 글들은 "하이젠베르크가 무엇을 언제 알았는가" 같은 질문에 대한 것이다. 오랜 세월이 흐른 지금, 그 점에 대하여 할 말은 많지 않다. 내 생각에는 이보다 더 연관이 있고, 관심을 받을 만한 중요한 질문이 있다. 즉 "하이젠베르크는 왜 그렇게 했느냐?"하는 것이다. 그는 마음 속으로 '자신이 한 것을 도덕적으로 정당하다고 보았는지, 아니면 잘못됐다고 보았는지', '그래서 마지막으로 어떻게 이 모든 과정이 그의 창의적 정력의 흐름을 중단시키게 되었는지' 등의 질문들에 대하여 우리는 더 많은 생각을 해봐야 할 것이다.

첫째로 하이젠베르크는, 20세기 물리학의 피카소(Picasso)라고 할 만큼, 손꼽을 수 있는 위대한 물리학자의 한 사람이라는 사실은 그 누구도 부정할 수 없다. 그러면 아인슈타인에 대해서는 어떻게 평가하고 있는가? 예술과는 달리 물리학은 20세기에 두 명의 피카소를 가지고 있었다. 종종 이런 일이 일어나곤 한다. 18세기 중반부터 20세기 사이의 음악계도 모차르트(Mozart), 베토벤(Beethoven), 그리고 슈베르트(Schubert)가 있지 않았던가. 하이젠베르크는 우리에게 미시적 세상을 묘사하는 체제인 양자역학(quantum mechanics)을 만들어 주었다. 그는 이 이론이 깊은 인식론의 변화를 요구한다는 것을 처음으로 이해한 사람이다. 그리고 이 새 이론의 눈부신 응용을 보여주고, 새 이론이 발전되어갈 중요한 방향을 열어준 사람이다. 1925년부터 1943년까지 그는 세계적으로 이론 물리학을 지배한 인물이었다고 말하는 것은 당연한 일임에 틀림없다.

하이젠베르크는 전쟁이 한창이었던 1943년에 수학과 물리학적으로 다양한 기능을 가진 에스행렬(S-matrix)이라고 불리는 그의 위대한 마지막 연구를 완성하였다. 그는 그가 지니는 뛰어난 개념적 명확성으로, 미시적 양자역학의 타당성 안에서 우리가 측정할 수 있는 모든 것을 암호화할 수 있는 정확한 수학적인 대상이 있어야 한다고 생각했다. 그리고 이 물체를 에스행렬이라고 정의하였고, 그것의 정말 놀라운 성질의 일부를 증명했다. 당연히 그는 이 연구결과에 흥분했으며 독일 잠수함을 통하여 이 연구 논문 사본을 일본에 전하도록 하였다. 히틀러가 패전하기 2년 전인 1943년에 그는 겨우 42세였다. 많은 사람들이 예상 했듯이, 만약 그가 미국으로 왔더라면 아마도 하이젠베르크는 전쟁 후에도 상당한 기간 동안 절정기에서 연구를 계속하였을 것이다. 그의 친구 엔리코 페르미(Enrico Fermi)와 그의 여러 동료들이 하이젠베르크에게 독일을 떠날 것을 권고했으나, 그는 머물기로 결정했다. 그는 전쟁이 오는 것을 보았지만 젊은 독일 물리학자들에 대한 의무감을 느꼈고 독일에 머물지 않을 수 없었다. 그러나 독일에 머문다는 것은 히틀러와 화해한다는 것을 뜻했고 그는 그렇게 했다.

하이젠베르크는 강한 철학적 경향을 가진 박식한 사람이었기에, 이러한 결정은 쉬운 것이 아니었다. 그는 전쟁 동안 독일에 머물 것인지에 대하여 결정하기 전, 여러 달 동안 고민하였다. 그는 이 어려운 결정에 대하여 광범위하게 글을 썼다. 내가 알기로는, 그가 스탈린의 러시아는 독일 문화에 치명적인 위험을 뜻하기 때문에 이것에 대처해야 한다고 판단했던 것 같다. 다시 이야기하자면, 그는 히틀러를 악을 대표한다고 보지 않고, 히틀러에 대한 광적인 신앙을 혐오하기 하였지만, 추악한 역사적인 인물로 보았다. 스탈린을 패배시킨 후, 히틀러는 어떠한 방법으로든 제거될 것이고, 독일은 정상을 되찾을 것이라고 하이젠베르크는 확신했다. 따라서 그는 필요할 때 그의 조국을 도우는 것 이외에는, 어떤 선택의 여지도 없다고 생각했다. 사실 그것은 그에게는 도덕적 의무였다.

전쟁 후에 그가 존경했던 독일 밖에 있는 많은 그의 동료들과 사람들은 그의 잘못된 결정을 꾸짖었다. 분명하고 엄격한 논리에 근거하여 결정을 한 하이젠베르크는 많이 놀랐다. 아무도 그의 논리가 잘못되었다고 하지 않는다. 그러나 사람들은 그의 가정과 그의 결정이 잘못되었다고 했다. 그는 철저하게 자신을 설명하였다고, 내심 깊이 막바지까지 그의 입장을 고수했다. 누구도 받아들이기 힘들고, 맹비난을 가져왔던 그의 가정은 대학살을 자행한 그 체제 안에서 악(惡) 이외에 다른 무언가 긍정적인 점을 보려고 했던 것은 그의 고집이었을 것이다.

총명한 실험 물리학자였던 나의 친구 고(故) 발렌타인 텔레그디(Valentine Telegdi)가 전쟁이 끝난지 약 20여년 후에 우연히 하이젠베르크를 만났다. 이 두 사람은 옛날 텔레그디가 파울 쉐러(Paul Scherrer)의 학생이었을 때 취리히에서 처음 만났던 사이였다. 텔레그디는 그의 회고록 "부분과 전체(The Part and the Whole)"에서 이 거물 노인을 다음과 같이 칭찬했다.

"특히 당신이 젊은 시절에 관하여 이야기한 부분은 다음 세대를 위해 대단한 가치가 있습니다. 물론 당신이 전쟁에 관하여 이야기한 부분은 다소 주관적인 성격이 있습니다만..."

이 정중한 도전에 하이젠베르크는 "텔레그디씨, 당신은 전쟁이라는 의제는 아주 복잡하다는 것을 잘 알 것입니다. 그것은 지금의 아랍과 이스라엘의 충돌 같은 것입니다. 아무도 누가 옳다고 말할 수 없습니다."라고 대답하였고, 텔그리디는 이 비유가 너무 언어도단이라고 느꼈고, 바로 그 자리에서 예의 바르게 그들이 만났던 큰 강당을, 놀라서 서있는 하이젠베르크를 혼자 놔두고, 떠나버렸다.

이러한 도덕적 문제점 이외에도 물리학적 문제가 있다. 제 3제국의 제일 존경 받는 물리학자로서, 하이젠베르크는 나치의 원자로와 핵폭탄 제조의 책임을 맡고 있었다. 이 프로젝트는 독일이 필요한 기술적인 자원을 조달하지 못했다는 점에서 뿐만 아니라, 과학적으로도 흠집이 있었다는 점에서 완전한 실패였다. 전쟁 후, 이들의 과학적 실수들은 대단히 성공적이었던 미국의 맨하탄 계획(Manhattan project)과 대조할 때 하이젠베르크에게는 커다란 수치였다. 이들의 과학적 흠집의 중요한 근거는 하이젠베르크와 다른 9명의 독일 물리학자와 화학자들이 감금되어 있었던 캐브리지 교외의 외딴 팜 홀(Farm Hall)에서 있었던 유명한 도청된 대화의 사본에서 드러난다. 연합국은 하이젠베르크가 핵분열의 발견자인 오토 한(Otto Hahn)에게 – 한이 발견한 것이 실제 핵분열이라는 해석은 리제 마이트너(Lise Meitner)에 의한 것이다– 연쇄반응을 일으키기 위하여 필요한 임계 질량에 대해 크게 부정확한 예상치를 주는 것을 엿들었다. 그러면서도 몇일 후에 하이젠베르크는 그의 동료들에게 분명하고 정확한 원자 폭탄의 원리를 발표하였다. 그가 처음부터 고의로 그의 지식을 알리지 않음으로써 독일의 원자 폭탄 제조 노력을 방해하였을까? 만약 이것이 사실이라면 그는 영웅이 되는 것이며, 과학적 이유로 그에게 던진 많은 냉소는 완전히 잘못된 것이 된다. 아니면, 그렇게 머리 좋은 그가 히로시마에 원자폭탄이 떨어진 후, 수용소에서 이 임계질량 문제를 풀었을까? 이 경우라면, 그는 과학적 실수에 대한 책임 뿐만 아니라 도덕적 책임도 피할 수 없게 된다. 우리는 이 두 가능성 중 어느 것이 진실인지 영원히 알지 못할 것이다. 중요한 것은 어떤 이유든지 간에 나치 독일은 원자 폭탄을 만들지 못하였고, 하이젠베르크는 젊은 시절에 물리학에 몇 개의 가장 큰 공헌을 했다는 것이다. 우리 모두 이 두 가지에 감사하자.

전쟁 후 하이젠베르크는 자신을 동료들에게, 궁극적으로는 자기 자신에게, 정당화하기 위하여 온갖 노력을 하던 시기와 맞물려 통일장 이론에 대한 연구를 하였고, 이 노력은 큰 대가를 치렀다. 전쟁 전만 해도, 그는 모든 것의 중심에 있었고 많은 사람들이 그의 관심을 끌려고 경쟁했다. 또한 그는 여러 사람들에게 훌륭한 스승이었다. 전쟁 전 그의 학생들의 명단은 이론 물리학의 유명인사 인명록과 같았다. 노벨상 수상자 펠릭스 블로흐(Felix Bloch), 유명한 물리학자이며 수소 폭탄의 아버지로 더 잘 알려져 있는 에드워드 텔러(Edward Teller), 유명한 고체 물리학자이며 핵 이론 자 오토 프리쉬(Otto Frisch)와 함께 최초로 임계 질량의 정확한 값을 맞추었던 루돌프 파이얼스(Rudolf Peierls)경, 하이젠베르크의 지도 아래 찬란한 논문을 쓴 후 조국으로 돌아간 다음 물리학계에서 사라진 루마니아의 고체 물리 이론 학자 Serban Țițeica 등이 있었다. 전쟁 직후에는 나의 시카고 대학 동료인 두 명의 총명한 물리학자들을 – 고(故) 쿠르트 쥐만치크(Kurt Symanzik)과 라인하르트 오흐메(Reinhard Oehme) – 만들어 내기도 했다. 그러나 통일장 이론 연구를 시작하자 하이젠베르크는 세상으로부터 더 격리되었고, 그는 그를 섬기는 사람들과 그가 무엇을 해도 받아줄 수 있는 사람들로 둘러싸이게 되었다. 아주 짧은 기간 동안 그는 볼프강 파울리(Wolfgang Pauli)와 협력하였고, 두 사람의 예비 출판 논문이 배분되었다. 그러나 미국 방문 중 파울리는 정신을 차렸고, 이 통일장연구에서 손을 뗐다. 따라서 출판된 어떤 통일장 이론 논문에서도 파울리의 이름은 찾아볼 수 없게 되었다.

1958년, 두 사람의 관계는 막바지에 다달았다. 제네바에서 열린 중요한 국제 회의에서 하이젠베르크는 파울리의 종전 비판들을 모두 빼놓고 단독의 통일장이론을 발표했다. 파울리가 의장이었던 이 회의에서 두 사람은 논쟁을 시작했고 파울리는 회장의 특권을 악용하여 그를 공격했다. 행복했던 시절에 서로 협력했던 두 거물은 아무런 장점이 없는 이 이론에 대하여 서로를 맹공격하였던 것이다. 도대체 무엇을 위하여 그랬을까? 이 사건은 내가 어렸던 시절 일이었음에도, 나는 아직도 이 회의에 관한 많은 소문을 듣는다. 어떤 면에서는 그것은 이론 물리학을 지켰던 파수꾼들을 교체하는 통과의례로 일종의 신들의 황혼이었던 것이었다. 그 후 얼마 가지 않아서 파울리는 췌장암으로 죽었으며 하이젠베르크는 더 이상 영향력 있는 중요 인사로 취급되지 않았다.

제 3 장

진정한 귀족

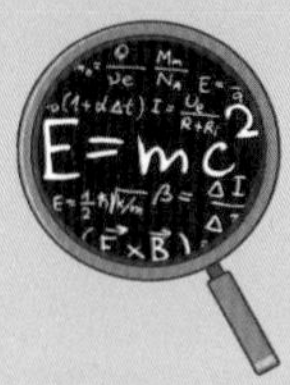

a passion for discovery

제 3 장. 진정한 귀족

하이젠베르크와 파울리의 대결을 목격한 대부분의 사람들은 거인들의 충돌보다는 스위스의 이론 물리학자 스튀켈베르크(C. G. Stueckelberg de Breidenbach)가 회의장에서 일으킨 사건을 더 잘 기억하는 것 같다. 그의 발언은 의사록에 기록되어 있으나 많이 수정되어 있다. 아마도 그는 회의 중 이 극적인 상황에 충격을 받아, 반복되는 정신병 질환의 증상을 재연한 것 같았다. 정신착란증을 일으킨 그는, 발언권을 얻자, 물리학 문제보다 휴식 시간에 자기를 괴롭히고 회의 중에는 숨는 여러 종류의 가공 인물들이 얼마나 무시무시한가에 관해서 이야기했다고 한다.

그리고 회의가 끝난 후에 스튀켈베르크는 아르브강의 제방 위에 있는 제네바 대학의 그의 사무실로 돌아가 그의 총을 움켜쥐고는 이 무시무시한 괴물들을 잡으려고 제네바 길거리를 총을 흔들고 다니다 구속되었다. 제네바에서 그런 행동은 오래갈 수 없었다. 경찰은 스튀켈베르크를 유치장에 가두었고, 그는 여기서 교수직을 사퇴한다는 두서없는 편지를 대학 총장에게 보내야만 했다. 그 당시에 스튀켈베르크의 정신병 증상은 이미 잘 알려져 있었기에, 제네바 대학은 용서받을 수 없는 위선과 속물 근성을 보이면서 그의 사표를 받았고 그가 맡았던 교수자리를 여러 유명 인사들에게 제공하였다. 그러나 여러 권유에도 불구하고, 물리학자들은 이론 물리학의 영원한 명예를 위해 아무도 스튀켈베르크와 같은 거장이 해고된 자리를 메우려고 하지 않았다. 결국 스튀켈베르크가 재임명되고 밀린 모든 임금이 그에게 지불된다는 조건하에 스위스 물리학자 요셉 마리아 야우흐(Joseph Maria Jauch)가 제네바 대학의 이론 물리학 수장의 자리를 수락하였다. 이 일은 결과적으로 제네바 대학이 처음으로 두 명의 이론 물리학 정교수를 두게 만들었다.

나의 박사 학위 후의 첫 직장도 제네바에서 시작되었고 나는 스튀켈베르크의 존재로 많은 것을 얻었다. 그는 키가 크고 인상적인 외모에 고급 귀족의 편안한 우아함을 보이는 사람이었다. 그의 가문은 독일 왕가와 연계된 가문으로, 18세기에 그의 조상들은 마부르크 가까이에 있는 비덴코프(Breidenstein zu Biedenkopf)에 14세기에 지었지만 파손된 요새가 있던 곳에 성을 지었다. 스튀켈베르크는 여름을 그곳에서 보냈다. 그 지역의 마부는 기차역으로 책과 문서로 가득 찬 큰 가방을 들고 온 그를 마중 나오곤 했다. 그는 그의 가족이 그 지방의 지주였으며, 그 집안이 가지고 있었던 여러 개의 명성 중에는 "유대인의 보호자"라는 명칭도 있었다고 나에게 말해주곤 하였다. 스튀켈베르크는 회색으로 된 무릎까지 오는 짧은 바지에 녹색 양복 저고리를 입고 사냥꾼 차림으로 항상 담뱃대를 입에 물고 연구실에 나왔다.

그와 그의 빨갛고 갈색의 작은 그의 개와(그런 것이 있는지 모르겠지만, 스위스 리트리버 같은) 떼어놓을 수 없었다. 그 개는 주인의 대단히 향기로운 담배 냄새에 흠뻑 빠져 주인을 존경하며 지켰다. 들리는 말에 의하면 그 개는 좋은 담배에 대한 전문성 뿐 아니라, 물리학에도 상당한 조예가 있었다고 알려져 있었다. 그 개는 모든 연구 발표회에 참석했으며, 스튀켈베르크는 자신의 개는 잘못된 행동을 하지 않으며 만약 발표자의 논리에 잘못이 없으면 절대 짖지 않는다며 우리를 안심 시켰다. 그런데 실제로 한 번 개가 짖는 일이 일어났다. 그러자 그 순간까지 별로 관심 없이 발표를 듣고 있던 스튀켈베르크가 이 개의 행동을 정당화시키기 위해 발표자의 틀린 점을 찾아내려고 성급하게 여러 질문을 하기 시작했다. 그러나 내 생각으로는, 이 개의 행동에 대한 제일 적절한 설명은 그의 주인이 말하는 이론 물리학의 전문 지식과는 관계없이 주인의 기분을 알아내는 세계에서 제일가는 전문가였던 것 같다. 개는 발표자의 잘못을 안 것이 아니라 스튀켈베르크가 발표자의 잘못 때문에 긴장한다는 것을 파악했던 것이다. 또한, 그 개는 세계적으로 유명한 연구소로 잘 알려진 유럽원자핵공동연구소(CERN)에 출입할 수 있는 자격을 연구소 소장으로부터 승인받았다. 그래서 그 개는 유럽원자핵공동연구소에서 열리는 연구 발표회에 참가할 수 있는 단 하나의 개라는 명성을 갖고 있다.

스튀켈베르크는 그 시대에 몇 개의 아주 중요하고 기본적인 발견을 했다. 그는 만약 전자보다 약 280배 무거운 "파이 중간자(π −meson)" 라고 불리는 어떤 종류의 입자가 존재한다면, 핵들을 함께 붙들고 있는 핵력(nuclear force)이 왜 거시적 거리로 확장될 수 있는 전자나 중력과는 달리, 원자들 간의 거리보다 몇 천 배 짧은 아주 가까운 거리에서만 작용하는지를 쉽게 설명할 수 있다는 것을 가장 먼저 깨달았다. 지금은 일반적으로 파이 중간자의 예측을 중간자 연구로 노벨상을 받은 유카와 히데키(Hideki Yukawa)의 업적으로 돌린다. 스튀켈베르크의 업적으로 인정받지 못한 이유는 그가 중간자를 제일 먼저 예측하였음에도 불구하고, 파울리로부터 그 연구 결과를 발표하지 못하도록 설득 당했기 때문 이었다. 파울리는 스튀켈베르크에게 그의 연구는 자기가 들었던 것 중에서 가장 바보 같은 것이라고 했고, 만약 파이 중간자에 관한 논문을 출판하면, 스튀켈베르크에 대한 존경은 사라질 것이라고 경고했던 것이다.

총명하고, 철저하고, 보수적이며, 비판적이었던 파울리는 계속해서 여러 사람들을 설득하여 중요한 발견들을 못하게 한 것으로 유명하다. 원자 물리학에서 실험적 결과의 자연적인 현상으로 전자의 스핀(spin)을 맨 처음 발견한 물리학자는 21살의 크로니히(Ralph Kronig)였다. 그러나 파울리는 이 모든 것이 엉터리라고 말하며, 연구 결과를 출판하지 못하게 크로니히를 설득했다. 이러한 행동은 두 명의 젊은 네덜란드 물리학자인 가우스미트(Samuel Goudsmit)와 울렌벡(George Uhlenbeck)으로 하여금 전자의 스핀을 다시 발견하게 하도록 했다. 이 두 사람도 처음엔 망설였지만, 그들이 시내에 없는 동안에 그들의 훌륭한 교수 파울 에렌페스트(Paul Ehrenfest)가 그들의 논문을 출판사에 보냈다. 그러나 그들은 그들의 발견에 대하여 노벨상을 받지는 못할 뻔했다. 여러 이유들 중 하나는 노벨상위원회에서 그들에게 상을 주는 것이 크로니히에게 공정한 것인지에 대한 시비가 있었기 때문이다. 또 다른 사람들도 파울리 때문에 노벨상을 받지 못했다. 1956년에 중국계 미국 물리학자 리정다오(T. D. Lee)와 양첸닝(C. N. Yang)이 우리가 약력(weak force)이라 부르는 자연 법칙은 좌우 대칭성을 갖고 있지 않다고 제안했을 때 파울리는 다시 덤벼들었다. 이유는 강력(strong force), 전자력(electromagnetic force), 중력(gravitational force)은 좌우 대칭성을 인정하기 때문이었다. 이 제안에 대하여 그는 "만약 신이 강력, 전자력, 중력에서 오른쪽과 왼쪽을 구별하지 않는다면, 왜 굳이 나머지 기본 힘인 약력에서만 좌우를 구별하겠는가?"라며 반대했다. 그러나 이번에는 파울리는 상대를 제대로 만났다. 리(Lee)와 양(Yang)은 자연의 법칙이 좌우 대칭성을 갖지 않는다는 것을 너무나 확신하고 있어서 그들은 꼼짝도 안했고 파울리에게 내기를 하자고 도전했다. 다행히 그는 내기를 하지 않았다. 그는 리(Lee)와 양(Yang)의 제안이 실험으로 입증되었다는 것을 알았을 때, 그의 옛 조수 비키 바이스코프(Vicki Weisskopf)에게 보낸 편지에 이렇게 썼다. "내가 내기를 하지 않은 것은 잘한 것이다. 내기를 했다면, 큰 금전적인 손실을 가져왔을 것이고, 난 그것을 감당할 수 없었을 것이다. 그러나 나는 내 자신을 바보로 만들었다. 이것은 내가 감당할 수 있는 것이다. 이 얘기는 단지 편지나 말로만 하는 것이라, 공개적으로 이러한 사실을 인정할 수는 없지만, 그러나 이제 다른 사람들은 나를 비웃을 권한이 있다".

중간자 이외에 스튀켈베르크는 다른 몇 개의 중요한 발견도 했다. 물질의 붕괴와는 반대로, 자연의 안전을 책임지고 있는 핵입자 수 보존법칙(baryon number conservation)도 스튀켈베르크에 의해 발견되었다. 그리고 전쟁 중에 그는 양자 전기 역학의 건설과 발전에 큰 공헌을 했으며, 특히 우리가 지금 파인만 다이어그램(Feynman Diagram)이라고 알고 있는 도표적 표시를 제의했다. 뿐만 아니라 스튀켈베르크의 벡터 중간자(vector meson)에 관한 연구는 그가 제안한지 70여 년이 지난 지금도 계속되고 있다. 이 연구는 1960년도에 프랑수아 엥글레르(Francois Englert), 브라우트(Bob Brout), 피터 힉스(Peter Higgs), 그리고 필 앤더슨(Phil Anderson)에 의하여 총체적으로 연구된 현상의 가장 기초적이고 단순한 경우를 보여주고 있다. 나아가 스튀켈베르크와 그의 학생 앙드레 피터만(Andre Petermann)은 근대 양자 장이론에 중심 역할을 하는 재규격화 군(renormalization group)의 개념을 처음으로 소개한 사람들이다. 지금 나는 스튀켈베르크를 극찬하고 있다. 왜냐하면 나는 그가 제대로 평가되지 않은 진정한 천재라고 생각하기 때문이다.

나는 스튀켈베르크 교수와 물리학에 대한 토론을 즐겼다. 그에게는 적절한 질문을 하는 교묘한 재주가 있었다. 그와 이야기를 하고 나면, 나는 하던 일들을 다른 각도에서 볼 수 있었다. 그러나 그와 토론하는 것은 쉽지가 않았다. 그는 칠판에 쓰는 모든 기호에 모자 표시(∧)나 쐐기 표시(∨)로 장식하기를 원했다. 토론하고 있는 화제가 공간 반사와 시간 반전과는 아무런 상관이 없어도, 어떤 공간 반사와 시간 반전 아래에서 그 기호가 상징하는 물리적 양이 음수이냐 양수이냐에 따라 물결표시(~)가 쓰였는지, 밑줄(_)이 쓰였는지 같은 필요 없는 것들을 기억하는 것에 많은 시간과 집중력을 낭비시켰다. 그런데 한번은 내가 실수 한 것을 깨달았다. 내가 쐐기 표시가 있어야 할 곳에 모자 표시를 쓴 것이다. 그러나 스튀켈베르크는 이를 눈치 채지 못했다. 그래서 그 다음부터 나는 일부러 필요 없는 이러한 기호들(장식물들)을 섞어 썼고 그는 개의치 않았다. 그때 나는 이 상관없는 기호들을 어디에 써야하는지 기억하는 것이 필요한 것이 아니라는 것을 깨달았다. 단지 그는 라틴어든지 그리스어든지 간에 벌거벗은 글자들을 견딜 수가 없었던 것이다. 그는 그의 글자들이 단정하게 장식된 것을 좋아했던 것이다. 그 후, 나는 모자 표시와 물결 표시를 여기저기 섞었고 우리는 중요하지 않은 장식이 아니라 현안에

열중 할 수 있었다. 불행하게도 스튀켈베르크의 많이 장식된 연구 논문은 경험이 없는 독자들에게는 접근하기 어려운 것으로 보인다. 그뿐만 아니라 대부분의 그의 논문은 한 번도 국제 공용어가 아니었던 불어로 쓰여졌고, 넓게 유통되지 않는 저명한 스위스 물리학 회지에나 출판되었다. 그럼에도 불구하고, 우리는 매우 중요한 천재 물리학자에 대해서 이야기 하고 있는 중이다.

그렇다면 왜 스튀켈베르크는 양자전기역학 연구로 노벨상을 받지 못했을까? 그의 이름이 추천 되기는 하였으나, 노벨상의 규칙은 상을 세 사람보다 많은 사람에게 나누어 줄 수 없다는 것이었다. 양자 전기 역학의 상을 나누어 받은 세 사람 파인만(Feynman), 슈윙거(Schwinger), 그리고 도모가나(Tomonaga)로 이들은 스튀켈베르크의 이론을 보다 더 발전시킨 공로를 인정 받았다. 그는 제일 처음 이 이론을 도입했으나, 안타갑게도 여기서 제외되었던 것이다.

어떤 면에서 스튀켈베르크의 이 이야기는 전형적으로 아르놀트(V. I. Arnold)와 마이클 베리(Michael Berry)의 법칙의 실례를 보여준다.

***아르놀트의 법칙(Arnold Principle)**

만약 새로운 개념, 제안, 또는 어떤 결과에 누구의 이름이 붙혀져 있다면, 그 이름은 그것을 발견한 사람의 이름이 아니다.

***베리의 법칙(Berry Principle)**

아르놀트의 법칙은 그 자신에게도 적용된다.

제 4 장

물리학의 양심

a passion for discovery

제 4 장. 물리학의 양심

볼프강 파울리는 때로는 친구들을 정신 차리게 하는 중계자, 때로는 못 말리는 최후의 무자비한 비판자, 때로는 여러 중요한 발견자들을 저지하는 흥을 깨는 불쾌한 사람, 때로는 총명한 발견자이며 물리학을 지키는 수호자, 때로는 일종의 완벽히 보수적이고 정직한 최고의 법관으로 사람들의 머릿속에 남아있다. 그의 동료들은 그에게 "물리학의 양심"이라는 별명을 붙여주었다.

그의 출생 몇 년 전에 그의 유대인 아버지 Pascheles는 유대인의 피가 흐르고 있었던 아내를 따라 천주교로 개종 했었다. 유명한 물리학자이며 실증주의자인 에른스트 마흐(Ernst Mach)를 대부로 어린 파울리(Pauli)는 세례를 받았다. 그는 비엔나 대학에서 한 과목을 가르칠 수 있도록 다니고 있었던 고등학교의 휴학을 허락받은 신동이었다. 볼프강 파울리(Wolfgang Pauli)의 아버지는 대학 교수였고, 그의 물리학자 생활 초기에는 어린 파울리는 볼프강 파울리 주니어(Wolfgang Pauli, Jr.)라고 연구 논문에 이름을 올렸다. 노벨상을 받은 그의 배타 원리(exclusion principle)는 전자나 쿼크(quark) 같은 것을 이해하는데 필수적인 것이었다. 이 이론은 어떤 두 전자도 같은 상태를 공동으로 차지할 수 없다는 것을 말하고 있으며, 원소 주기율표에 대한 이론적 기초를 제공했다. 파울리는 상대론적 양자 이론(relativistic quantum theory)을 상상할 수 있게 해준, 두 개의 가장 일반적인 정리들을 – 스핀 · 통계 정리(spin–statistics theorem)와 CPT 정리(CPT theorem) – 증명했다. 파울리는 방사성 베타 붕괴(radioactive beta–decay) 과정에서 왜 에너지가 보존 되는지를 밝히기 위해, 새로운 입자인 중성미자(neutrino)의 존재를 가정하였고, 붕괴 과정에서 에너지 보존 법칙이 적용된다는 것을 입증했다. 그 후, 중성미자의 존재가 발견되었고, 자연에 존재하는 기본 입자의 하나로 인정되었다. 그가 아르놀트 조머펠트(Arnold Sommer–feld)의 학생이었을 때, 뮌헨에서 만난 하이젠베르크(Heisen–berg)와 디랙(Dirac)과 함께 파울리는 양자 장 이론의 창조자 중 한 사람이 되었다. 그의 초기 연구인 상자성 (Paramagnetism)은 넓은 의미로 근대 고체 물리학의 시발점이 되었다. 그가 21살 때 쓴 일반 상대론에 관한 책은 아인슈타인의 찬사를 받기도 하였다. 다시 말하자면 아인슈타인과 하이젠베르크같이 일반적으로 널리 알려지지는 않았지만 파울리 또한 20세기 물리학의 중심적 인물 중의 한 사람이었다는 것이다.

1928년에 파울리는 취리히에 있는 취리히 연방 공과 대학교(Federal Institute of Technology)의 이론 물리학 교수였다. 그는 쉽게 같이 일을 할 수 있는 사람은 아니었다. 연구 발표 회의에서 발표자가 하는 말에 동의를 표시하면서, 기도하는 유대인같이 주기적으로 머리를 끄덕거리고 있다가, 발표자가 그가 동의하지 않는 것을 말하는 순간에 항상 그의 머리를 좌우로 심하게 흔들어 대부분의 발표자들을 매우 당황하게 만들었다. 1930년 중반에는 파울리의 조수 비키 바이스코프(Vicki Weisskopf)는 머리를 아래 · 위로 끄덕이다가 옆으로 심하게 흔드는 파울리의 습관에 대처하기 위해 전략을 세웠다. 그가 강연하기로 예정되어 있는 날 아침에는 그는 파울리의 사무실에 가서 예비 논문을 주는 것이다. 그러면 파울리는 그에게 이 논문은 완전히 미친 것이며 발표 하지 말 것을 적극적으로 권유한다. 그러나 발표를 강행한다. 이 계획은 성공적인 것으로 드러났다. 예상대로 연구 발표 회의에서 파울리가 반대했던 "위험한 문제들"이 나왔을 때, 파울리는 고개를 좌우로 흔들어대는 대신, 계속해서 고개를 끄덕거린다. 그러면서 "나는 이미 그에게 이것은 미친 짓이라고 말했다"고 혼자 중얼거리는 것으로 넘어가게 된 것이다. 바이스코프의 이 전략은 성공적이었으나 아는 사람이 별로 없었다.

1958년 파울리가 사망했을 때 이러한 습관을 풍자한 이야기가 나돌았다. 파울리는 천국에서 하느님의 사무실에 찾아가 하느님께 어떻게 이 세상 모든 것이 잘 돌아가느냐고 물었고, 하느님은 칠판에 수식을 써가며 그에게 친절히 그 이유를 설명해 주셨다. 파울리는 처음에 고개를 끄덕거렸으나 강의가 약 20분 쯤 진행되었을 때, 그는 머리를 좌우로 흔들기 시작했다. 크게 당황한 하느님은 하느님답지 않게 이것을 몇몇 대천사들에게 이야기했고, 천사들은 이 사실을 온 천국에 퍼뜨리면서 천상을 놀라게 했다. 결국에는, 의심할 것 없이, 몇몇 소천사들에 의하여 이 사실은 지상에 누설되었다고 한다. 그래서 나도 알게 되었다.

그의 후배나 선배 동료들, 또 상관에게까지 이렇게 인정 없는 사람이 학생들을 곱게 대해줄 것이라고 기대하기는 어렵다. 세계적으로 널리 알려진 인도의 물리학자인 호미 바바(Homi J. Bhabha)가 캠브리지의 학생이었을 때, 그는 지도 교수에 의해 파울리 밑에서 연구하라고 취리히에 보내어졌다. 그의 소개 편지에는 "파울리, 아마도 당신은 바바를 물리학자로 만들 수 있는 단 한 사람일 것입니다"라고 써있었으며, 칭찬하는 말이라고는 찾아볼 수 없었다. 이 소개 편지를 쓴 사람을 많이 존중했던 파울리는 바바를 물리학자로 만드는 것은 가망 없는 일라고 생각했다. 그래서 그는 바바와 대화를 하는 것은 완전한 시간 낭비라고 확신하면서, 그와 뜻있는 대화를 하기를 거절했었다. 그는 바바를 복도에서 볼 때마다 많은 학생들 앞에서 "바바군, 오늘 자네는 무슨 말도 안되는 엉터리 연구를 하고 있지? "하며 소리쳤다. 그 젊은이는 완전히 기가 죽었다. 그럼에도 불구하고 바바는 취리히에서 전자-양전자 산란(electron-positron scattering)에 관한 그의 제일 유명한 논문을 썼다. 바바가 이 논문을 파울리에게 보여주려고 했을 때, 파울리가 대답하기를 "만약 이것이 네가 한 것이라면, 나는 이미 관심이 없다"고 하였다. 어찌할 바를 모르던 바바는 취리히 대학의 다른 선배 이론 물리학 교수 그레고르 벤첼(Gregor Wentzel)을 찾았다. 그의 친구 파울리의 괴팍함을 잘 아는 벤첼은 그 논문을 읽어 보았다. 논문의 중요성을 바로 알아차린 벤첼은 자기가 파울리에게 이 논문의 장점을 설득시키겠다고 젊은 저자를 안심시켰다.

바바의 연구를 파울리에게 설명하려는 벤첼의 첫 시도는, 기대했던 대로 "만약 바바가 이것을 썼다면, 나는 관심이 없다"에 봉착했다. 그러나 그레고르는 이에 대한 준비가 되어 있었다. 그는 말하기를 "잠깐만, 내가 한 것이라고 생각해봐"라고 얘기했고, 그 뒤 파울리는 내용을 들을 마음이 생겼다. 바바가 영원히 벤첼의 은혜를 입는 순간이었다.

바바 뿐만이 아니었다. 파울리는 다른 학생들도 위협했다. 복도에 모여있는 학생들을 보면 그는 각 학생들에게 이름을 물었다. 학생들이 답을 하고 나면 파울리는 꿈꾸듯이 멀리 쳐다보면서 "맞아, 나는 너희들 나이 적에 이미 대단히 유명했었지"라고 말하고 지나가곤 했다. 어릴 때 신동이었던 그에게는 이것은 그렇게 잘난 척하는 행동이 아니었을지도 모른다. 그러나 실제로 파울리는 겉으로 보이는 것만큼 자신에 대한 확신이 없었다.

파울리의 행동에는 일정한 양식이 있었다. 그는 크로니히(Kronig)로 하여금 전자 스핀(spin)의 개념을 포기하게 했다. 그 뒤에 가우스미트(Goudsmit)와 윌렌베크(Uhlenbeck)가 그 개념을 발표하였고, 그 새로운 개념은 빠르게 받아들여졌다. 회전하는 비상대론적 전자(spinning non-relativistic electron)를 취급하기 위한 이론은 다른 사람이 아닌 파울리 자신이 만들었으며, 오늘날까지 우리는 그의 논문에 소개된 이론과 그 유명한 파울리 행렬(Pauli matrices)을 쓰고 있다. 그는 이미 말한 것처럼 스튀켈베르크로 하여금 중간자(meson) 연구를 포기하게 하여, 유카와(Yukawa)가 중간자에 관한 논문을 발표하였고, 파울리는 전쟁 동안 미국에서 바로 이 중간자 연구를 하면서 지냈다. 스위스 사람들의 히틀러에 대한 동정심을 걱정했기 때문에 그는 갑자기 미국으로 왔다. 만약 나치가 오스트리아처럼 스위스도 점령한다면 "독일 법에 의한 75% 유대인"인 그도 곤경에 빠질 것이 분명했기 때문이다. 그 당시 스위스는 파울리의 시민권 신청을 이미 두 번이나 거절한 바 있다. 이것은 오스트리아의 합병(Anschluss) 결과로 그가 나치의 제 3제국의 시민이라는 것을 뜻했다. 이것은 그에게 상당히 심각한 상황이었다. 그는 미국 웨스트 라피엣(West-Lafayette)에 있는 퍼듀(Purdue) 대학에서 몇 달을 보낸 후에 프린스턴에 있는 고등연구소(Institute for Advanced Study)에 도착했다. 우연히 만난 지인이 인디애나를 어떻게 생각하는지 물었을 때 파울리는 "알프스를 뺀 스위스와 비슷하다"고 대답했다. 생각해보면 그 다운 재치있고 적절한 묘사라 아니할 수 없다.

파울리 개인의 삶에 비극이 전혀 없었던 것은 아니었다. 1927년 그의 사랑하는 어머니가 결혼 생활의 심각한 문제로 자살을 했다. 1928년에는 그의 아버지가 재혼을 하였고, 파울리는 그가 "사악한 양어머니"라고 부르는 새어머니를 얻게 되었다. 1929년 그는 천주교를 버리고, 곧장 카바레 댄서와의 비참한 결혼 생활을 시작했다. 그 결혼은 1년이 못 가서 이혼으로 끝났는데, 그녀는 하필이면 골드핑거(Goldfinger)라는 이름을 가진 화학자를 위해 파울리를 떠난 것이다. 파울리는 망연자실했고, 프로이디언 비엔나(Freudian Vienna)에 거주하고 있던 그의 아버지는 파울리에게 정신분석을 제안했다. 결국 파울리는 칼 구스타브 융(Carl Gustav Jung)에게 가게 되었다. 융과의 관계는 여러 해 동안 계속되었고, 이 인연은 융과 파울리가 공동으로 쓴 'The Interpretation of Nature and the Psyche'라는 책으로 이어졌다. 이 책에서 물리학의 양심이라고 불리는 파울리의 동조 하에 융은 양자물리학의 통계적 성격과 초감각적 지각 (extrasensory perception) 사이에 깊은 연관이 있다는 말도 안되는 제안을 한다. 파울리가 이 책에 공헌한 것은 독일 천문학자 요하네스 케플러(Johannes Kepler)의 연구에서 나오는 원형(archetypes)에 관한 것이었으며 별 볼일 없는 대학원생 수준의 보고서 정도였다. 물리학에서는 최고의 수준을 갖춘 사람이 꿈에 대한 것들에 관해서는 같은 물리학을 터무니없이 남용하는 것에 동조해버린 것이다.

여러 해 동안 파울리는 융에게 1,000개가 넘는 그의 꿈 내용을 제공했다. 그 내용을 가능한 한 객관적이고 선입관 없이 보관하기 위하여 융은 자기가 직접 파울리를 보지 않고 단지 파울리를 상담하는 젊은 정신과 의사를 지도했다. 파울리는 이 실험에서, 그의 역할에 빠져 그의 습관적인 의구심을 완전히 상실했다는 인상을 피할 수 없었다. 이 책 '심리학과 연금술(Psychology and Alchemy)' 에서 융은 파울리가 꾼 꿈에 대한 그의 해석을 이야기하고 있다. 오늘날까지도 융의 정신분석 학자들은 그들이 알든지 모르든지 간에 수련의 일부로서 20세기 최고의 물리학자 한 사람의 꿈을 읽어야 하는 것이다.

놀랍게도 융과 파울리는 "파울리 효과(Pauli effect)"라고 불리는 것에 대해 심각하게 다루기까지 했다. 이 파울리 효과란 언제든지 파울리가 동료들의 실험실에 들어가면 무엇인가 심각한 문제가 발생한다는 것이다. 즉 아주 값비싼 실험 기구가 부서지거나 타버리고, 아니면 제대로 작용하지 않는다는 주장이다. 과학적으로 설명할 수 없는 것에 관심이 많았던 융은 이 주장에 아주 관심을 보였다. 그럼에도 일부 실험 학자들은 분명히 그 초자연적 현상을 나타내는 파울리 효과에 대한 간단한 예방책을 마련했다. 실험실 중요한 곳에 아무것에도 연결되지 않은 전류 차단기(circuit breaker)를 설치하여 파울리가 실험실에 들어오는 순간 그가 바로 이 "파울리 차단기(Pauli switches)"에 가서 실험에 아무 지장을 주지 않고 환경에서 계속 개폐기를 열었다 닫았다 하도록 내버려 두는 것이었다. 다른 한편에서는 파울리 효과를 입증하기 위한 장난으로, 파울리의 축하연에서 연회가 열릴 방에 큰 샹들리에를 임시로 설치하고, 파울리가 들어오는 순간에 맞춰 그것이 깨어지도록 준비했다. 그러나 파울리가 들어오는 순간, 샹들리에는 깨어지지 않았고, 그 이유는 그의 친구 루브 골드버그(Rube Goldberg)가 만든 장치가 제대로 작동하지 않았기 때문이다. 이것으로 파울리 효과는 사라지게 되었다.

때때로 사람들은 어떤 형태든 종교를 가지고 살아간다. 공식적으로 70년 동안이나 무신론을 강요받았던 소련의 종교 부활을 보라. 또한 세례 받은 뒤, 종교를 바꾼 유대인의 아들, 천주교를 버린 후 고통스러운 이혼의 여파로 매혹적이고 위력적인 사이비 과학적 심리의학자 문 앞에 이르게 된 파울리를 보라. 그러나 이혼은 인간의 뇌에 더러운 속임수를 부린다. 그것은 엄밀히 인간의 '영혼'이라기보다는 '뇌'에 영향을 미친다. 최고로 이성적이고 엄격했던 수학자들까지도 이런 점에서는 보통 인간과 다를 바가 없었다.

제 5 장

파사데나(Pasadena)의 마법사

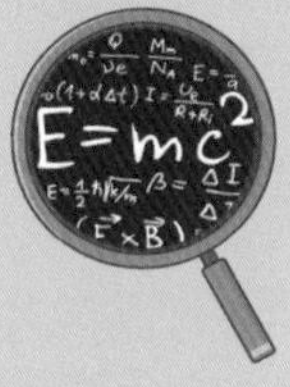

a passion for discovery

제 5 장. 파사데나(Pasadena)의 마법사

근대 양자 장이론의 다른 창시자들과는 달리, 리차드 파인만(Richard Feynman)은 양자 전기 역학을 정확한 예측이 가능한 현실적인 이론으로 만들었을 뿐 아니라, 모든 양자 이론을 처음부터 재발명하였다. 초기 하이젠베르크(Heisenberg)의 접근과 같이, 그의 역사 총합(sum over histories)방법은 현대 물리학의 요구에 더 적절히 부응했다.

고전 물리학에서는, 잘 알려진 거시적 세상에 적용할 수 있는 것처럼, 점과 같은 물체들이 그들의 운동을 있는 그대로 잘 나타내는 경로에 맞추어 움직인다. 이들 경로들(역사들)을 결정하는 것이 뉴턴의 고전역학의 핵심적 문제였다. 어쨌든 미세적 양자 단계에서는 물체들의 움직임을 보여주는 경로를 알 수 있는 실험적 방법이 없기 때문에, 우리는 더 이상 입자가 주어진 위치에서 다른 위치로 정해진 경로에 따라 움직인다고 말할 수 없을 것이다.

파인만의 역사총합 방법에서는 이 입자들이 주어진 위치에서 다른 위치로 상상할 수 있는 모든 가능한 경로를 따라 동시에 움직이면서 상상할 수 있는 모든 역사를 경험한다고 가정한다. 파인만은 각 역사에 특정 숫자를 부여하는 공식을 제안했다. 그리고 이 모든 역사의 특정 숫자를 더한 뒤, 그 결과로 얻은 합계로부터, 만약 출발 시간에 그 입자가 주어진 위치에 있었다면 정해진 도착 시간에 정해진 도착 위치에서 그 입자를 발견할 수 있는 가능성을 예측하는 것이다. 이것이 우리가 알고 있는 경로라는 고전적 개념의 모든 것이다. 다시 말해서, 우리한테는 더 이상 계산해야 할 경로들이 남아있지 않게 된다. 만약 우리가 계산할 수 있는 경로가 있다면, 언제 · 어디서 입자가 출발했고 언제 · 어디에 입자가 도착했는지를 안다면, 우리는 그 입자가 어느 경로에 있었는지를 알아낼 수가 있다. 이제 모든 역사들(경로들)을 다 더한 후, 언제 · 어디서 입자가 시작했는지를 알면, 우리는 그 입자가 어느 시간에 어디에 도착할 것이라는 가능성을 예측할 수 있는 것이다. 입자가 어느 시간에 어떤 점에 도달할 것이라는 가능성과 함께 우리가 유일하게 확신할 수 있는 것은 그 입자가 분명 어디엔가는 있을 것이라는 것이다. 그래서 그 입자가 모든 점에 도착할 가능성들을 모두 더하면 결국 확신성의 확률인 1(100%)이 된다.

돌이켜보면 파인만이 발명한 방법은 그가 그 방법으로 해결한 문제들보다 훨씬 더 가치 있었다. 사람들이 이 사실을 충분히 이해하는 데는 시간이 필요했고 1970년대가 되어서야 사람들은 그의 연구 방법을 받아들이기 시작했다. 파인만이 한 모든 것들에는 정말 무서울 정도로 그의 재능이 뚜렷하게 드러났다. 이것은 아인슈타인, 하이젠베르크, 그리고 겔만(Gell-Mann)의 경우에도 그러하나, 그들의 경우에는 우리가 무언가 변화되는 것을 볼 수가 있었고 어떠한 방법으로 그렇게 하는지를 상상할 수가 있었다. 그러나 파인만의 경우, 우리가 그의 개념을 이해했을 때 그를 칭찬하지 않을 수 없으나, 무엇인가 바뀌는 것을 알아챌 수가 없다. 그는 왜 그렇게 한 것일까? 당신의 본능적인 반응은 "틀림없이 그는 똑똑하지만 건방진 인간임이 분명해. 그래서 그는 평범한 사람들과 같은 방식으로 할 수 없었을 거야"일 것이다. 그러나 곧 그의 방법이 당연한 방법이고, 그가 하는 '방법'이 그가 한 '것'보다 더 재미있다는 것을 깨닫게 될 것이다.

파인만은 대전된 이온(ions)으로 만들어진 결정 격자 안에 있는 전자를 고찰한 분극자(polaron)에 관한 유명한 논문을 썼다. 전자는 전하를 갖고 있으므로 가까운 주변에 있는 격자를 왜곡시킨다. 그리고 전자가 움직일 때, 전자에 의한 격자 왜곡으로 마치 더 무거운 입자인 분극자가 전자와 같이 움직이는 것처럼 보인다. 한번은 그가 나에게 이 유명한 논문에 관해서 이야기를 해준 적이 있다. "하루는 하도 지루해서 도서관에 갔다. 한 논문 잡지를 꺼내서 분극자 문제를 제기한 프렐리히(Fröhlich)의 논문을 읽기 시작했다. 프렐리히는 이 문제가 해결되면 우리는 초전도성을 이해할 것이므로 매우 어렵지만 중요한 것이라고 말했다. 그래서 나는 이 문제를 봤고, 내가 풀 수 있다는 것을 확신했다. 나는 사무실에 돌아와서 문제를 풀었고 나의 해답을 적은 편지를 프렐리히에게 보내면서 그에게 어떻게 초전도성이 설명되는지 알려달라고 했다. 물론 그는 대답할 수 없었을 것이다!" 파인만은 장난스럽게 웃었다. 그는 계속 얘기하기를 "모두들 내가 역사총합 방법을 쓰는 것에 놀랐다. 그러나 오늘날까지 아무도 그것을 다른 방법으로는 해내지 못했다."고 했다.

파인만의 역사총합 방법을 양자 장이론에 소개하는 논문은 내가 읽은 가장 아름다운 물리학 논문 중의 하나이다. 그는 심오하고 새로운 수학과 양자 역학을 통찰하는 새로운 방법을 발명했다. 진정 중요한 새로운 수학을 발명하는 능력은 몇몇 사람들에게만 주어지는데, 20세기에 폴 디랙(Paul Dirac)과 리차드 파인만, 에드워드 위튼(Edward Witten), 마지막으로 파스쿠알 요르단(Pascual Jordan)이 그런 사람들이었다.

파인만은 그의 옛 학생 힙스(A. R. Hibbs)와 함께 "경로 적분(path integral)"이라고 불리는 새로운 역사총합 방법에 관한 책을 썼다. 그는 그 책에서 보여지는 물리학에 대한 흥미와 매력이 부족하다고 느껴 만족하지 못했다. 그는 나에게 "힙스가 그 책을 썼고, 내 이름을 덧붙일 것을 요구한 것을 아느냐? 나는 그것을 거절 했어야 했었는데…" 라고 내게 말했다.

파인만은 그의 학생들을 보호하는 편이 아니었다. 내가 한 학기 동안 캘리포니아 공과대학(Caltech)을 방문했을 때, 나는 아직 출판되지 않은 파인만의 학생이 쓴 논문에 대하여 더 알고 싶었던 적이 있었다. 그러자 파인만은 내 사무실에 와서, 내가 알고 싶어했던 문제에 대해 뛰어난 강의를 하며 설명해 주었다. 더할 나위 없이 최고였다. 나는 그의 강의에 반해버렸고, 파인만은 그것을 눈치챘다. 그는 끝에 한 마디 덧붙이기를 "이제야 내가 이 모든 것을 했다는 사실을 알겠지"라고 했다. 그러나 이 말은 나에게 하지 않아도 될 말이었다.

내가 들었던 파인만의 강의 중 가장 주목할 만한 매력을 보였던 것은, 그가 내용을 전달하는데 있어 그의 온몸을 자연스럽고 효과적으로 이용한다는 것이다. 그는 강의를 듣는 사람과 장난하는 것을 즐겼다. 언젠가 그는 연수에서 두 개의 주제에 관해 강의를 했다. 점심을 먹으면서 나에게 털어놓기를 "프로인트(그는 항상 나를 부를 때 성을 썼다), 나는 그들을 속였어. 부분 입자(partons) 강의를 하면서 나는 그것이 아이들 놀이라고 믿게 하고 단지 손만 흔들었지만, 이미 모든 상세한 계산을 다 해 놓았고 논쟁의 여지가 없이 치밀한 계산으로 나의 주장을 입증할 준비가 되어 있었어. 그리고 두 번째 주제에 대해 나는 이것은 신만이 아는 어려운 이론인 것처럼 말했지만, 사실 다 속임수야."

많은 연수와 학회에서 우리는 함께 강의한 일이 많았다. 1972년에 함께 멕시코에서 강의를 한 적이 있었다. 내가 멕시코 신문에서 워터게이트라라는 이름의 건물에 도둑이 들었다는 기사를 읽은 것을 기억하기 때문에, 나는 1972년을 확실히 기억한다. 그것은 첫 면 기사였는데, 그 기사가 단순한 3급 도둑질을 아마도 멕시코 사람들이 이것저것 과장해서 보도했다고 생각했던 것을 분명히 기억한다. 우리는 소나 로사(Zona Rosa)에 있는 호텔에 머물렀는데, 사흘 저녁을 파인만은 내 방에 와서 그 때 당시 초기 단계였던 끈 이론에 관해서 강의해 달라고 했다. 그는 "프로인트, 내가 바보 같은 질문을 해도 괜찮아?"하며 나를 중단시키고는 여러 예리한 질문을 했는데 나의 대답은 항상 "그것이 바로 내가 말하려고 하는 것이다" 또는 "불행히도 아직 아무도 그것을 해결하지 못했다"로 끝났다. 대여섯 개의 그런 질문을 받은 후에 나는 "파인만(아마도 내가 그를 딕(Dick)이라고 부르는 것을 원하지 않았기 때문에, 그도 나를 프로인트라고 부르는지도 모른다), 너는 이 질문들이 아주 재치 있는 질문이라는 것을 잘 알고 있겠지?"

라고 물었고, 그는 미소 지었다. 나는 계속해서 "실제로 이건 내가 한 최고의 강의이다"라고 얘기해 주자 그의 미소는 더 커졌다. 그는 장난을 하고 있었고 내가 같이 장난을 한다는 것을 즐겼다.

이런 장난에도 불구하고 파인만은 철저히 정직했다. 한번은 우리들이 시카고 시외에 있는 세계 최고의 가속기 연구소인 페르미 국립 가속기 연구소(Fermi Lab)에서 강의를 한 적이 있다. 파인만의 강의 중 글레니스 파라(Glennys Farrar)가 쿼크 입자에 의해 운반되는 전하를 직접 측정할 수 있다는 파인만의 주장이 틀렸다는 것을 지적했다. 그녀는 계속 물고 늘어졌고 이 문제를 종결 짓기 위해 파인만은 그녀를 바보처럼 만드는 농담을 했다. 모두들 크게 웃었고, 그것으로 이 문제는 끝난 것 같았다. 그러나 강의 후에 쉽게 포기하지 않는 글레니스는 파인만에게 다가와 그녀의 뜻이 무엇이었는지를 설명했다. 글레니스는 나의 동료가 될 존 로즈너(Jon Rosner)와 함께 그 문제에 대하여 이미 논문을 썼던 사람이었다. 파인만은 핵심을 이해했으나, 그녀의 반론을 믿지 않았고 생각해 보겠다고 했다. 그때 나는 파인만과 나의 친구 스티브 엘리스(Steve Ellis)와 함께 페르미 국립 가속기 연구소 숙소에 머물고 있었다. 우리 셋은 파인만의 주장을 지원하기 위해 필사적인 시도를 하며 그 문제를 끝까지 토론했던 것으로 기억한다. 그러나 글레니스가 옳다는 것은 점점 분명해졌다. 자정이 되어서 우리는 각자의 방으로 갔다. 서로 잘 자라고 인사하며 헤어질 때 파인만의 얼굴에서 보였던 낙담한 표정이 기억난다. 또한 이 책에 인쇄하기에 적절하지 않은 말들이 건네진 것도 기억난다.

다음날 파인만은 다른 주제에 대해 강의 하기로 예정되어 있었다. 그는 쉽게 그 전날의 논쟁에 대한 언급을 피할 수 있었다. 하지만, 시작하자마자 그는 그 전날의 주제를 끄집어냈다. "파라는 어제 쿼크의 전하를 측정할 수 있다는 나의 주장이 잘못되었다고 지적했다. 나는 그녀의 지적을 무시했었는데, 강의 후에 그녀는 나에게 그녀의 요점을 상세히 설명해 주었고, 다시 생각해 본 결과 나는 그녀가 옳았으며 나의 부주의한 논리 때문에 내가 틀렸다는 결론을 내리게 되었다." 라고 그는 얘기했다. 나는 그 강의실에 있던 모든 사람들이 그의 솔직함에 대단히 감명받았다고 생각한다. 내 생각에, 이번 일로 파인만의 평판이 크게 올라갔을 것이다. 그는 분명 천재일 뿐만 아니라, 훌륭한 사람이었다. 그는 "파라의 주장은 어떠한 가정을 세우는가에 따라 타당할 수도 있다." 혹은 다른 의미 없는 말로 둘러댈 수도 있었다. 아니면 "파라는 옳다. 하지만 질문의 핵심은 중요한 점이 아니다." 라고 하거나 다른 방어적인 표현들로 돌려 말할 수 있었다. 그러나 그는 그렇게 하지 않고, 솔직히 그의 잘못을 인정했다. 그것은 용기가 필요한 행동이었으며 파인만은 이러한 기질을 갖추고 있었다.

제 6 장

모페르튀(Maupertuis)로 돌아가서

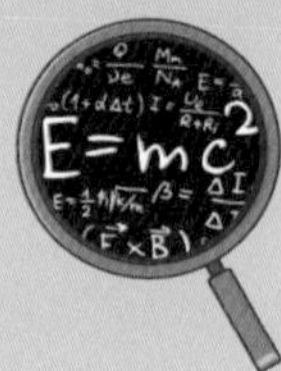

a passion for discovery

제 6 장. 모페르튀(Maupertuis)로 돌아가서

양자 물리학에 대한 파인만의 역사총합 방법이 가져온 아주 중요한 결과는, 만약 어떤 "고전적인" 현상들이 실제로 미시적 양자 현상들의 거시적 한계라면 이들 고전적 거시적 현상들에 적용되는 자연 법칙은 아주 특수한 종류임이 틀림없다는 것이다. 그것은 수학자들이 변분 원리(variational principle)라고 부르는 것임에 틀림없다. 이 원리가 의미하는 바는, 이 운동이 고전적/거시적 자연 법칙을 따르든 그렇지 않든 간에, 어떠한 체계나 조직의 한 점에서 다른 점으로 이동하는 것이 상상할 수 있는 모든 운동방법 중에서 가능한 가장 쉽고, 가장 힘이 덜 들고, 가장 시간이 짧게 걸리는 경로를 택하도록 되어있다는 것이다. 그러므로 이 법규에 따라 실제 일어나는 운동의 경로를 계산할 수 있는 있다는 것이다. 다시 말해 우리는 이 운동에 필요한 시간의 양(보통 '작용' 이라고 불린다)을 최소로 함으로써, 거시적/고전적 물리학의 법칙에 의하여 결정되는 경로를 알 수 있는 것이다. 만약 이 고전적 법칙이 최소 작용 원리의 형태를 택한다면, 고전적 체계는 양자적 기원(deeper quantum origin)만을 가지게 될 것이다. 디락(Dirac)은 이미 이것을 알고 있었다. 물론 고전 물리학에서 모든 "기본" 현상에 대한 법칙은 앞선 설명처럼, 최소 작용 법칙으로 설명될 수 있다는 것이 오랫동안 알려져 있었다. 그러나 이것은 일반적으로 깊고 자세한 묘사의 전조가 아닌 단순한 수학적 호기심으로 간주되기 일쑤였다. 그것을 양자 역학적으로 인식하는 데는 디락과 파인만이 필요했던 것이다. 그렇다면 어떻게 양자 물리학을 한번도 들어보지 못한 사람들이 고전 물리학에서 이런 최소 작용 원리를 발견했는지 궁금할 것이다. 그들이 이 방법을 발견한 것은 거의 기적과도 가까운 일이다.

이 모든 것은 1736년 라플란드 탐험으로 이름을 알린 프랑스인 피에르루이 모페르튀(Pierre Louis Moreau de Maupertuis)로부터 시작했다. 라플란드 탐험 중 모페르튀는 지구의 모양이 회전 타원형이라는 뉴턴의 예측을 확인했다. 그 당시 모든 사람이 인정했던 뉴턴 개념의 찬미자 중 한 사람이었던 모페르튀는 자연의 법칙의 존재가 신의 존재와 양립하는지를 스스로에게 물었다(나 또한 이런 물음을 던진다). 그는 이 두 존재가 모순되지 않으며 양립한다고 주장했다. 나아가서 그는 두 존재가 함께 존재한다는 사실을 연구함으로써 신의 존재를 증명할 수 있다고 믿었다. 모페르튀의 논법을 간단히 설명하면, 첫째로, 전능하신 신이 수많은 복잡한 업무를 몇 개의 간단한 법칙을 마련하여 단순화시키는 것에는 아무런 의구심도 없다는 것이다. 해변에 있는 조약돌들을 예정대로 움직이고, 바다 위를 떠다니는 수많은 배들이 이유 없이 충돌하지 않게 하기 위하여, 전능하신 신이 평화와 전쟁, 왕과 왕비 등이 연루된 중요한 업무로부터 왜 그의 정신을 분산시켜야만 하는가? 일단 신이 어떤 자연 법칙을 도입했다는 추리를 받아들인다면, 우리는 신으로부터 어떤 법칙을 기대해야 하는지 알아야 한다. 성경에서는 보다 나은 세상을 만들기 위해서 우리는 신을 만족시켜야 한다고 경고한다. 그래서 모페르튀가 추리하기를, 신이 이러한 만족을 받아들이기로 결정했다면 틀림없이 그의 만족을 최대화할 수 있는, 혹은 불만족을 최소화할 수 있는 법칙을 만들어 놓았을 것이라고 생각했다. 만약 뉴턴의 법칙들이 신의 존재와 공존한다면, 이것들을 "신의 불만족"이라고 부르든 "작용"이라고 부르든 간에, 양적인 면에서 최소화시킬 수 있어야 하고, 이로부터 최소 작용 원칙을 얻을 수 있다고 생각했다.

수학 천재가 아닌 모페르튀는 이런 최소 작용 원칙이 일부 간단한 경우에는 실제로 작용한다는 것을 발견했다. 신의 존재를 입증하면서 가졌던 그의 이런 관점은 그를 대단히 유명하게 만들었다. 궁중 언어로 불어를 장려할 만큼 프랑스 찬미자였던 프러시아의 프레드릭 대왕은 모페르튀를 초청하여 프러시아 학술원의 회장으로 임명했다. 당연히 다른 학술원 회원들이 그들의 회장이 무엇 때문에 그렇게 유명해졌는지를 알고 싶어했다. 그 중에는 위대한 수학자의 한 사람인 스위스인 레온하르트 오일러(Leonhard Euler)가 있었다. 그는 모페르튀의 개념에 적절한 수학적 응용 방법을 찾아냈고, 이로부터 수학의 중요한 분야인 변분학을 탄생시켰다. 공정하게 말하자면, 뉴턴(Issac Newton)과 토리네제 출신의 수학자 조제프-루이 라그랑주(Joseph-Louis Lagrange) 또한 변분학의 탄생에 중요한 역할을 했다. 8명의 일류 수학자들을 낳은 전설적인 베르누이(Bernoulli) 가문의 요한 베르누이(Johann Bernoulli)가 제기한 최단 강하선 문제에 대해 뉴턴은 근대적 변분적 답을 최초로 제출했다. 이미 10년 전에 과학계에서 은퇴한 뉴턴이 전형적인 영국식 사고로 "수학적인 것에 대해서 외국 사람들로부터의 성가심"을 당하고 싶지 않았기 때문에 익명으로 해답을 제출했다. 그러나 이 위장은 숨기기 쉬운 것이 아니었으며 베르누이는 이 문제를 푼 사람이 뉴턴임을 알아채고 "사자를 그 발톱으로 알아보았다"고 했다.

물론 모페르튀는 신의 존재를 입증한 것은 아니었다. 좋게 얘기하면, 그는 뉴턴의 법칙들이 그가 한 성서에 대한 해석과 모순이 되지 않는다는 것을 보여주었다. 그럼에도, 이런 그의 사고방식은 당시에는 큰 관심거리였다. 뉴턴 시대 이후에는, 한 명의 신이나 혹은 여러 신들의 바람에 따라 지배된다고 생각했던 자연현상들이 예측될 수 있게 되었다. 일식(Solar eclipse)은 더 이상 하늘의 분노의 징조가 아니었고 완전히 예측할 수 있는 현상이 되었으며, 별들의 움직임은 신의 존재와 무관하게 계산이 가능한 것이 되었다.

그러면 신성한 것과 속세적인 것 사이의 새로운 경계를 어디에 그어야 하는가? 경계를 다시 긋는 긴 과정은 종교 재판인 갈릴레오(Galileo)의 공판으로 이미 시작되었고, 어떤 면에서는 지금도 진행되고 있는 중이다. 한때 교황 바오로 6세(Paul VI)는 교회의 체면을 잃지 않고 갈릴레오 문제를 종결시키기를 원했다. 그는 갈릴레오의 명예를 회복시킬 목적으로, 갈릴레오 사례를 자세히 연구하기 위해 로마에 있는 교황청 학술원(Pontifical Academy) 회원들로 구성된 위원회를 만들었다. 낮은 가능성이었지만, 갈릴레오가 성인일 것이라는 가능성도 제기되었다. 교회가 갈릴레오에 대한 종교 재판 당시 그가 겪었을 학대 기간 동안 보여주었던 "영웅적인 선행"을 보상을 한다면, 그에게 성인의 자격을 줄 수도 있다. 그래서, 갈릴레오를 찬양함으로써 그를 성인으로 추대한 교회 또한 찬양받을 수 있다는 것을 뜻하기도 하였다. 교황은 이 문제를 해결하기 위한 최선의 의도를 가지고 있었다. 교황은 제네바에 있는 스튀켈베르크의 동료 요셉 마리아 야우흐(Joseph Maria Jauch)를 위원회 위원으로 임명했다. 야우흐는 그 일이 굉장히 흥미로웠다고 말했다. 갈릴레오가 상대한 교황들 중 한 사람은 정당한 질문을 하는 천문학 애호가였다. 위원회의 일은 순조롭게 진행되고 있었으나, 야우흐의 결혼이 갑작스럽게 이혼으로 끝나게 되면서 그의 이혼을 로마에서 나쁜 징조라고 해석했는지, 오늘날까지 불쌍한 갈릴레오는 성인은 커녕 순교자로도 인정을 받지 못하고 있다. 그럼에도 불구하고 1981년 교황 요한 바오로 2세는 갈릴레오의 사건을 연구하기 위해 새로운 위원회를 임명했다. 이러한 두 번째 위원회는 1992년에 최종결과를 제출했고, 이를 바탕으로 그 해 10월 31일 교황 요한 바오로 2세는 교황 학술원에서 갈릴레오라는 주제로 연설을 했다. 그러나 실망스럽게도, 교황의 강연은 옛 말썽꾸러기의 명예 회복 수준에서 마무리 되었다.

우리가 모페르튀(Maupertuis)의 말을 있는 그대로 받아들이고, 물체의 고전적 경로가 실제로 신을 제일 적게 불쾌하게 만든다고 믿는다면, 우리는 이것이 파인만이 이야기한 역사총합 방법과 어떻게 연관될 수 있는지 알아봐야 한다. 파인만의 주장에 따르면, 미시적 세계의 양자 수준에서는 입자들이 움직일 수 있는 모든 경로가 가능하고, 신성한 경로와 속세적 경로는 구분되어지지 않으며, 모든 경로는 동일한 가능성을 가진다. 신의 불쾌감을 최소화 시키는 당위적인 행동은 오로지 고전적 한계 안에서 가능할 것이다. 이러한 논리는 자기의 만족을 극대화 시켜주는 것에 그렇게 엄격한 신이 결국에는 많은 착한 사람들의 생명을 빼어가는 대학살, 천벌, 전염병 같은 것들을 왜 묵인하느냐라는 해묵은 논쟁을 재연시킨다. 신은 더 이상 이 프랑스 물리학자의 말을 듣지 않고 파인만을 인정하는 것인가? 하지만 나는 이쯤에서 무책임한 이런 말들을 멈추려고 한다. 만약 스스로를 철학자, 법학자, 혹은 윤리학자라고 부르는 사람들 중 한 사람이 이 글을 읽는다면 나 또한 종교적으로 파면될 것이기 때문이다. 나는 결코 그런 일이 없기를 바란다.

제 7 장

신의 언어

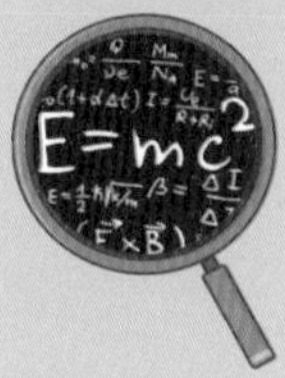

a passion for discovery

제 7 장. 신의 언어

19세기에는 "언제 생명이 시작됐는가?" 혹은 "여자들은 낙태를 택할 권리가 있느냐?" 같이 아직도 걱정거리인 중요한 문제들과 함께, 모든 일에 매우 적극적인 "사회참여 지식인"들은 무엇인가 걱정할 것들을 찾아야 했다. 그래서 그 당시에 찾았던 걱정은 "만약 곰이나 이리에 의하여 인간 사회에서 동떨어진 황야에서 키워진 야생 아이가 있다면 그 아이는 어떤 언어를 쓸 것인가?"이었다. 대부분의 사회참여 지식인들은 순수한 인간이라면 신의 언어(고전 영어가 아닌 현대의 이스라엘어)를 쓸 것이라는 것에 의견을 같이하였다. 그러다 1982년에 이 경우와 가장 비슷한 인간이 뉘른베르크(Nürnberg)에 나타났고, 사회참여 지식인들의 생각이 잘못되었다는 것이 입증되었다.

카스파 하우저(Kaspar Hauser)라고 알려진 이 청년은 이스라엘어나 어떤 다른 언어도 쓰지 않았다. 아니 그는 어떠한 언어도 쓰지 못했다. 그래서 나는 이러한 고귀한 미개인 관찰에 의존하는 것보다, 부정할 수 없는 사실을 참고하여, 신의 언어는 수학이라고 가정하겠다. 갈릴레오가 이미 우리가 알고 있는 자연의 법칙은 모두 이 언어(수학)로 표현되어 있다고 강조한 바 있다. 물리학은 이들 자연의 법칙을 정확하게 연구하기 때문에 물리학과 수학의 밀접한 관계는 피할 수가 없을 것이다.

아주 가끔 우리는 물리학자들이 어떻게 아주 심오하고 새로운 수학을 창조하는 것을 목격한다. 그러나 대부분의 물리학자들은 수학자들의 책장을 뒤지거나, 현존하는 수학 구조들이 자연을 묘사하는데 얼마나 최적화되어 있다는 것을 보여주는데 만족한다. 일반 상대론을 완성하기위해서, 거리와 굴곡의 개념이 정의된 19세기 리만이 발견한 공간 기하학을 사용했던 아인슈타인을 생각해 보면 이 사실은 분명해진다. 수학에는 수많은 위대한 아름다움과 중요함을 지닌 이론과 개념들이 존재한다. 수학자들은 선견지명으로 그 시대에 발견되기는커녕 암시도 되지 않은 자연현상을 기술할 수 있는 새로운 수학 개념과 이론들을 정확하게 발견해내곤 하였다.

이것이 어떻게 가능한 것인가? 유진 위그너(Eugene Wigner)의 표현을 빌리자면, "수학의 비합리적인 효율성"을 어떻게 설명할 수 있을까? 나는 물리학자들이 그들의 일하는 방식에 대한 회화적인 묘사를 일반화하여 이 질문에 대한 답을 찾도록 해보겠다.

물리학자들은 이론 물리학자와 실험 물리학자의 두 부류로 나누어진다. 모든 자연현상이 들판에서 일어난다고 상상해 보자. 실험 물리학자들은 이 들판을 돌아다니면서 여러 지역을 탐험하고, 그들이 발견한 것들을 보고한다. 이론 물리학자들은 실험 물리학자들의 들판과 평행하지만 더 높은 가상의 들판을 돌아다닌다. 그들은 실험 물리학자들을 내려다보면서, 서로 그렇게 멀리 떨어지지 않은 곳에서 일하고 있는 실험 물리학자들이 발견한 사실들 사이의 연관성을 알아낸다. 이론 물리학자들은 수학에서 가지고 온 연장들을 사용하여 실험 결과들을 공통된 하나의 이론으로 설명한다. 그리고 섬세한 추론으로 이런 현상들로 만들어진 그들의 "이론"의 새로운 결과를 예측하고, 이를 증명할 새로운 실험을 제안한다.

이제 실험 학자들은 이론 학자들이 제안한 실험 영역으로 급히 달려가서 필요한 것들을 측정한다. 만약 이론 학자들이 예측한 것이 입증된다면, 더 많은 이론 연구가 실시되고, 새로운 예측이 제의되며 또한 검정을 받는다. 이것은 어떤 것이 검정이되지 않을 때까지 계속된다. 만약 그 이론이 옳다는 것으로 검정 되지 않을 때에는 그 이론은 수정되고, 더 나은 이론 즉 더 나은 들판의 지도가 만들어진다. 이론은 살아 움직이는 것이지 영원한 진실은 아니다. 이론은 처음에 검정된 영역 안에서는 계속 유지되지만, 그것을 더 넓고 넓은 영역에 적용하게 되면서 더 나은 일반적인 이론이 만들어지게 된다.

이제 아인슈타인의 이중 들판에 이미 말했던 두 들판과 평행하는 더 높은 세 번째 들판을 더해보자. 세 번째 들판에는 수학자들이 살고 있다. 이들은 이론 물리학자들을 내려다 보면서(절대로 깔보거나 얕본다는 의미가 아니다), 이론 들판에서 멀리 떨어져 있지 않은 영역에서 일하고 있는 이론 물리학자들의 연구들이 아름다운 수학적 구조로 요약될 수 있다는 것을 알아차리고 이러한 수학적 구조를 더 깊이 연구한다. 그리고 이 수학적 연구 결과는 그것이 시작되었던 영역과는 동떨어진 다른 이론 들판의 영역에 적용된다. 그런 다음, 이 새로운 영역들은 실험 학자들이 한 세기 후에나 조사하게 될 자연 들판에 있는 영역들에 다시 적용된다.

이들 실험 결과가 보고되고 이에 대한 이론들이 완성되었을 때, 모든 것을 가능하게 한 수학이 이미 그 자리에 있었다는 사실에 이론 물리 학자들은 놀라곤 한다. 이것이 이른바 수학의 비이성적인 효율성이라는 것인가? 나는 아니라고 생각한다. 좀 더 추상적으로 얘기하자면, 수학도 그 기원을 자연에 둔다. 만약에 한 세기의 수학이 그 다음 세기에 자연의 법칙을 설명하는 데 쓰인다고 해도 누구도 놀라서는 안될 것이다.

실험 물리학자들과 수학자들이 바깥 들판에서 산다는 것과 이론 물리학자들이 가운데 끼어있는 들판에 산다는 것을 다시 생각해 보자. 이 이론 들판은 다른 두 들판의 중간 거리에 있는 것이 아니다. 오히려 어느 때는 실험 들판 가까이로 가고, 어느 때는 수학자들의 들판 가까이로 움직여 간다. 지금은 나와 같은 이론 물리학자들은 수학자들과 매우 가까워서 이론 물리학자와 수학자를 구분해 말하기가 힘들 정도다. 역사적으로 이런 시대에는 새로운 이론이 탄생하거나, 재도약을 위한 새로운 도구를 창조하는 시기와 동시에 일어났다. 새로운 이론이 태어날 때는 세 개의 들판들이 서로 모이고 바깥에 있는 두 들판 사이의 거리도 매우 유동적이 된다.

실제 이를 증명하는 많은 예들이 있다. 뉴턴 시대에는 세 개 중 적어도 두 개의 들판들 사이에 거리가 거의 없었다. 뉴턴은 인류 역사상 최고로 훌륭한 실험 물리학자이며 이론 물리학자이며 또한 수학자였다. 셋 중 한 분야에서만 극소수의 몇 사람이 그에 가까이 올 수 있었지만, 세 분야는 말할 것도 없고 두 분야에서도 동시에 그와 경쟁할 수 있는 사람은 없었다. 그 당시 탄생했던 이론들은 물론 고전 역학, 뉴턴의 중력 이론, 그리고 그의 입자광학이다.

1920년에 헤르만 바일(Hermann Weyl)과 컴퓨터와 게임이론의 아버지로 잘 알려진 존 폰 노이만(Johnny von Neumann)과 같은 수학자들의 적극적인 참여로 양자역학이 탄생했다. 물리학자들이 새로운 수학을 만드는 것처럼 수학자들도 새로운 물리학을 창조한다. 바일의 게이지 불변성(gauge invariance) 개념은 이론 물리학자들의 가장 기본적인 무기의 하나였다. 그가 1970년 말까지 살았다면 그는 확실히 이 일로 노벨상을 받았을 것이다. 1920년도에는 이론 물리학자들은 제임스 프랭크(James Frank)과 오토 슈테른(Otto Stern)과 같은 실험 물리학자들에 가까웠다.

이미 말한 것같이 현재에는 이론 물리 학자들은, 솔직히 얘기해 실험 물리 학자와는 멀리 떨어져 있지만, 수학자들과는 대단히 가깝다. 그 이유는 지금 만들어지고 있는 "새로운 물리학(이론 물리학)"의 결과를 확인하기 위해서는 입자를 더 가속해야만 하는데, 아무리 좋은 상황을 가정하더라도 현재 이용 가능한 가속기로 도달할 수 있는 에너지를 훨씬 넘어서는 가속기가 필요하다고 예상되기 때문이다. 그러나 예측하는 일은 계속되고 있고, 이론 물리학자들의 칠판은 그 과정들로 가득차 있다. 이것이 의미하는 바는 무엇인가? 우리가 아마도 중요한 새 이론을 출산하는 진통 중에 있는 것을 뜻하는 것임에 틀림없다.

이 비유를 이해하는데 다음의 예가 적절할 것 같다. 1770년에서 1830년 사이에도 수학자들을 이론 물리학자들과 구분하기가 힘들었다. 오일러(Euler), 푸아송(Poisson), 달랑베르(D'Alembert), 푸리에(Fourier), 라그랑주(Lagrange), 가우스(Gauss), 라플라스(Laplace), 해밀턴(Hamilton), 그리고 야코비(Jacobi) 이들 모두는 중요한 이론 물리학자이면서 중요한 수학자들이었다. 그들은 물리에서 무엇을 창출했는가? 예를 들어, 라그랑주, 해밀턴 그리고 야코비는 뉴턴의 역학에 수학적으로 훌륭하고 새로운 방법을 도입하였다. 돌이켜 보건대, 외르스테드(Ørsted)와 옴(Ohm)과 같은 그 시대의 순수한 실험 물리학자들은 그들이 당면한 역학 문제를 해결하기 위하여 뉴턴의 수식이면 충분했기 때문에, 아마도 그들의 연구를 위해 순수 수학이 필요하다고 생각하지 않았을 것이다. 그러나 만약 라그랑주, 해밀턴, 그리고 야코비 등이 물리학에 매우 유용한 수학적 방법들을 도입하지 않았더라면, 반세기 후에 양자역학이 발견되지 않았을 것이다. 물론 당연히 뉴턴의 수식을 사용하여 바로 양자역학을 만들 수도 있다. 그러나 그것은 양자역학 자체를 발견하기 위한 것이라기보다 단지 그것이 가능하다는 것을 보여주기 위한 주장을 합리화시키기는 것이다. 아마도 현재 끈 이론에서 하는 것들은 라그랑주, 해밀턴, 야코비 등이 뉴턴의 역학을 위해 당시에는 인정받지 못했지만 미래를 위한 기초작업과 같은 것일 수 있다. 그리고 그때와 마찬가지로 끈 이론에서 보여지는 수학은 굉장히 아름답다.

아마도 이 점은 유사한 추리로 더 쉽게 설명될 수 있다. TV가 발명되었을 때, TV의 사용은 급속히 퍼져나갔고, 구리 전화선이 온 세계에 깔렸다. 그 후 어느 날 전화 회사들은 이 선들을 광섬유로 바꾸었다. 이것은 불필요했다. 정확하게 말하자면, 여자 친구에게 전화하여 그녀의 생일을 축하하는 데는 옛 구리선이면 충분하지, 누가 광섬유를 필요로 한단 말인가? 그렇지만 광섬유 없이 누가 정보화 시대를 상상할 수 있는가?

이 여러 가지 비유는 오늘의 끈 이론이 수학인가 혹은 물리학인가 하는 중요한 질문을 제기한다. 끈 이론에서, 힘과 우리가 알고 있는 모든 물체의 형태를 서로 통합하는 문제는 공간과 시간의 특성을 규명하는 문제를 포함하는 것으로, 우리가 살고 있는 공간이 몇 차원으로 되어있는지와 공간이 어떤 형태를 가지는지를 "예측"할 수 있는 범위까지 확장되고 있다. 끈 이론에서는 여러 종류의 점 입자들이 물체(말하자면 전자들 같은)와 이들 간의 힘의 운반 자 (말하자면 전자기 힘의 운반 자인 광자)의 기본적인 형태라고 보는 현재의 관점에서 나아가 끈 이론에서는 이들은 더 기본적인 확장된 물체 (object), 다시 말해 "끈"의 서로 다른 진동들일 뿐이라고 본다. 이 끈은 희한하게도 수학의 여러 아름다운 법칙에 따라 움직인다. 우리가 끈을 어떻게 자극시키느냐(당기느냐 혹은 굽히느냐)에 따라 여러 높고 낮은 진동을 만드는 것같이 이 기본 끈도 여러 형태의 진동을 가지며, 이 진동들이 우리가 알고 있는 모든 입자들(전자, 광자 등등)로 나타나는 것이다. 그리고 이러한 진동들은 그들 자신의 수학적 일관성을 가지고 서로 상호작용하며 예측된 새로운 현상들을 만들어 낸다. 그러므로 이 끈 이론이 맞다면, 우리는 이러한 새로운 현상들을 볼 수 있어야 한다. 문제는 아직 누구도 끈에 의하여 예측된 새로운 현상들을 보지 못했다는 것인데 이러한 현상들이 극도로 높은 에너지에서 나타날 수 있다는 점을 고려한다면 어쩌면 우리는 앞으로 여러 해 동안 법률에서 말하는 상황 증거를 찾고 그것에 만족해야 할지도 모른다. 그렇다면 방금 말한 것같이, 끈에 의해 지시된 아주 아름다운 수학은 그 자체가 끈 이론의 가장 중요한 결과일 가능성이 있으며 이는 라그랑주, 해밀턴, 야코비같은 수학들이 양자역학의 발견에 큰 역할을 한 것같이 미래 물리학 이론의 발견에 중대한 역할을 할 것을 뜻한다.

제 8 장

에미 뇌터(Emmy Noether)와 추상에 대한 갈망

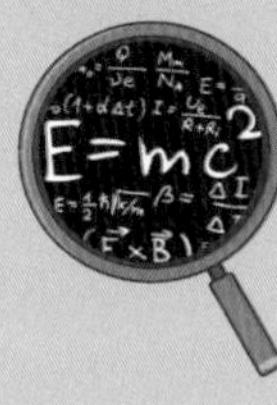

a passion for discovery

제 8 장. 에미 뇌터(Emmy Noether)와 추상에 대한 갈망

앞서 말한 바와 같이 수학자들은 신의 언어를 사용하는 사람들이다. 그들은 요즈음 이곳저곳에 퍼져있다. 그들은 천재들의 민주공화국에 살고 있으며, 파리, 캠브리지, 프린스턴, 뉴헤븐, 뉴욕, 시카고, 버클리, 교토 등 많은 지역에 센터를 갖고 있다. 그러나 항상 이랬던 것은 아니었다. 소련 연방이 무너지기 전에는 모스코바도 분명히 이 목록에 들어갔을 것이고, 히틀러 이전에는 수학의 나라는 공화국도 아니었으며, 왕자들이나 모여사는 니더작센(Lower Saxony)에 있는 괴팅겐(Gottingen)의 자그마한 공국이었다. 이런 상황은 19세기 초반에 세계적으로 알려진 수학의 왕자, 카를 프리드리히 가우스(Carl Priedrich Gauss) 때까지 거슬러 올라가고 한 줄로 늘어선 천재들로 이어진다: 수학에서 모차르트라 할 수 있는 베른하르트 리만(Bernhard Riemann), 유명한 정수론 자 디리클레(J. P. G. Lejeune Dirichlet), 에를랑겐 프로그램(Erlangen Program)으로 유명한 펠릭스 클라인(Felix Klein), 그리고 마지막으로 새로운 제 2의 가우스인 다비트 힐베르트(David Hilbert)가 그들이다. 1900년 파리에서 개최된 국제수학자 회의에서 힐베르트는 그를 유명하게 만들어준 23개의 문제를 나열함으로써 20세기 수학을 위한 방향을 정하였다. 그는 그 문제들의 답이 수학의 발전에 결정적 역할을 할 것이라고 확신했는데, 힐베르트가 다가오는 세기의 수학이 어떤 방향으로 나아갈지를 예견했다는 것은 기적에 가깝다.

1915년에 힐베르트는 일반 상대론에 관한 기본 연구 논문을 썼고, 이것은 그를 불변이론(invariant theory)의 어떤 문제로 인도했다. 이 문제를 해결하기 위해서 힐베르트와 클레인은 여성 수학자 에미 뇌터를 괴팅겐으로 데려왔다. 그 당시에는 여자를 초청한다는 것은 매우 드문 경우였다. 어쨌든 그녀는 자연의 법칙의 대칭성과 보존 법칙 사이에 깊은 연관성이 있다는 것을 밝히고, 대칭성으로부터 보존법칙을 유도함으로서 이 문제를 해결하였다. 하나의 예로서, 자연의 법칙은 그들이 시간에 따라 변하지 않는 대칭성을 보여준다. 그 법칙은 마치 우리가 오늘 날 보는 빛이 멀리 있는 항성상 천체(quasar)로 부터 수억 년 전 방출된 것과 마찬가지로 어제나 오늘이나 꼭 같다. 이 파장은 아주 옛날 방사선이 방출된 순간에 유효했던 원자 물리학에 의하여 결정된 것이지만, 오늘날 원자 물리학을 이용하여 이 방사선의 모든 파장들을 알아볼 수 있기 때문에 이것을 실험적으로 조사할 수 있다. 이런 자연의 법칙의 성격을 가리켜 시간에 의하여 변하지 않는 것, 즉 시간 대칭성을 나타낸다고 말한다. 뇌터의 법칙으로 이 대칭성은 작용이라고 불리는 양에 대하여 보존의 법칙을 보장한다. 이 보존 법칙은 또한 상세하게 검증될 수 있다. 특히 만약 내가 한 입자를 다른 입자와 충돌시키면, 그 충돌이 어떤 과정을 불러일으키든 간에, 두 입자들이 각자의 길로 가든지 혹은 어떤 새 입자들이 만들어 내든지 간에, 새로 생기는 모든 입자들의 총 에너지는 충돌하는 입자들의 총 에너지와 같아야 한다. 이것은 뇌터가 충돌에 수반된 에너지를 찾는 방법을 제공했기 때문에 실험적 측정으로 입증될 수 있었다. 아인슈타인 자신도 이 법칙에 많은 감명을 받았다. 그러나 뇌터는 자신의 업적을 그녀의 젊은 시절 했던 하찮은 일의 하나로 취급하였다.

이 법칙을 발견한 후에 뇌터는 순수 수학의 연구로 돌아갔다. 그녀의 지도 아래 수학의 방식 자체가 근본적으로 바뀌었다. 그녀의 영향으로 수학자들은 연구하고 있는 문제의 실제 근원들로부터 거리를 두기 시작했다. 일반적 원칙은 더 높이 평가되었고, 수학자들에 의하여 연구되는 내용들은 수학적 표준으로 보아도 지나칠 정도로 점점 더 추상적으로 변했다. 이러한 추상화에 대한 보답은 예상하지 못했던 새로운 보편적 결과들이 가장 순수하고 추상적인 형태 안에서 나타난다는 것이었다. 대수학을 공부함으로써, 추상적인 대수학 구조들은 차원 표면과 더 높은 차원의 일반화, 그리고 이들을 연속적으로 원활하게 서로를 연결할 수 있는 방법을 연구하며 재미있는 대상들을 취급하는 위상수학(topology)의 기초가 된다는 것을 알게 될 것이다. 위상 수학은 이런 방법으로 일반화된 표면이 가질 수 있는 모든 특징적인 모양을 이해하는 것을 목적으로 하고 있다. 수학의 중심에 있는 새로운 주제들인 추상 대수학(abstract algebra)과 근대 대수적 위상수학(algebraic topology)은 이러한 뇌터의 통찰력에서 비롯된 것이다.

아주 좋은 상황에서도 수학은 이미 대단히 추상적인 학문이다. 수학의 추상도를 높이는 것은 수학자들의 자연적인, 피할 수 없는 충동이다. 놀라운 일은 그것이 과학의 역사를 따르기보다는, 세계 역사의 흐름을 따라, 제 1차 세계대전 끝에 일어났다는 것이다. 그것은 좀 더 일찍 일어날 수도 있었고 좀더 늦게 일어날 수도 있었다. 그러나 수학에서 추상적인 모습이 뚜렷하게 강세를 보인 때는 그것이 그림(Kandinsky, Malevich, Mondrian), 조각(Brăncusi, Arp), 음악 (Schoenberg, Berg, Webern), 건축(Mies, Gropius), 그리고 문학(Joyce, Stein)에서 추상성이 나타나기 시작한 때와 유사하다. 이들 분야에서 추상적인 작품이 거의 동시에 나타났는데 이것은 놀랄만한 일이 아니다. 왜냐하면 그림, 조각, 음악, 문학과 건축 분야에서는 예술가들은 서로를 알고, 서로에게 영향을 끼쳤을 가능성이 많기 때문이다. 사실 이들 주제에 관한 칸딘스키(Kandinsky)와 쇤베르크(Schoenberg) 사이에 오갔던 많은 편지들이 이를 잘 보여준다.

그러나 괴팅겐은 작은 지방 도시였고, 뇌터가 그렇게 예술을 좋아했다고 믿기는 어렵다. 그러면 수학 역시, 같은 시기에 추상적인 모습으로 바뀌었다는 사실을 어떻게 설명할 수 있는가? 같은 말을 되풀이하는 것 같지만, 그 원인을 시대의 흐름에서 그 찾을 수 있을 것이다. 아마도 세계대전 이후에 모든 사람들은 험악한 현실로부터 떠나기를 원했고, 추상적인 모습을 추구하는 것은 현실을 탈피하는 하나의 방법이었을 것이다. 어쩌면 사람들은 겉으로 드러난 사건에 얽매여 그들에게 닥친 참사의 소용돌이에서 괴로움을 당하는 것보다, 그 큰 참사의 진정한 원인을 찾기를 원했을 것이다. 그래서 그들은 기본적으로 수학의 추상적인 숨겨진 면과 예술적인 진실의 모습을 추구하기로 결정했으리라.

물리학 또한 더 추상적이 되었다. 태양을 중심으로 도는 행성들이나 길 위로 움직이는 차들 대신, 보어(Bohr)의 연구 이후에는 아주 적은 원자 안에서 핵 주변을 도는 보이지 않는 전자를 연구했다. 이 경우 엄격하게 말해서 전자의 경로 (path)는 없었다. 그것이 하이젠베르크(Heisenberg)가 양자역학을 구성하고, 파인만(Feynman)이 경로의 합(sum over paths)을 선택하는 데에 사용한 실마리였다. 우리는 아직도 이 양자역학의 예측들을 검정할 수 있다. 그러나 고전물리학에서보다는 덜 직감적으로 한다. 목성이 태양의 주변을 도는 것은 망원경으로 볼 수 있지만, 원자 속을 들여다보고 전자의 움직임을 볼 수는 없는 것이다.

물론 과학과 예술이 동시에 추상적으로 변했다는 것이 단지 일회성의 우연일 가능성도 있다. 그러나 나는 결코 그렇지 않다고 생각한다. 왜냐하면 그림이나 조각이 추상에서 더 현실적 표현으로 되돌아오고, 음악에서 음조가 다시 중시되고, 건축과 문학에서 후기현대주의(postmodernism)가 나타나게 된 시기 역시 수학에서 구체적 문제해결을 다시 중시하게 된 시기인 1960년에서 1970년 대의 냉전 시기에 일어났기 때문이다. 물리에서는 옛날로 회귀했다기보다는 어제가 너무 추상적이었다는 두려움 때문에 새로운 직관적 방법을 개발하였다는 표현이 더 정확할 것이다. 수학자들은 아마도 냉전 세력의 "추상적" 이념적 표어에 대항하기 위해, 고상한 일반론을 상실할 수 있다는 위험을 감수하고서라도 구체적인 것으로 돌아갈 필요를 느꼈을 것이다. 어쨌든 물리학자, 수학자, 예술가들 모두는 같은 사회의 구성원이고 그래서 그 분위기에 지배를 받았다. 만약 모페르튀가 이것을 눈으로 보았다면, 그는 이 현상을 가르켜 시대흐름이라는 것이 실제로 존재한다는 것을 증명하게 되는 것이라고 주장했을 것이다. 이 주장은 그가 신의 존재를 증명했다고 하는 것과 같은 것이다.

인간적 면에서도 추상 수학의 배후 인물인 뇌터의 이야기는 주목할 만하다. 저명한 수학자의 딸로서, 유명한 소녀 학교를 다녔어도 젊은 뇌터는 여학생으로서 유행을 타지 않았고 불변론의 전문가인 알버트 고든(Paul Albert Gordan) 밑에서 수학 박사 학위를 얻기 위해 계속 공부했다. 그녀는 고든이 지도한 유일한 박사학위 학생이었는데, 정말로 훌륭한 학생이었다. 그는 그녀를 괴팅겐에 보냈다. 그러나 그의 영향은 거기까지였다. 그때만 해도 괴팅겐 대학은 정식으로 여자를 채용할 수 없었다. 여자를 채용하면 어떤 분노에 직면할 것인지 아무도 몰랐기 때문이다. 그래서 뇌터에게 무보수 연구 조수직을 주었는데, 뇌터 가족은 경제적으로 부유했기 때문에 돈은 그녀에게 문제가 아니었다. 그러나 그녀가 괴팅겐에 온 몇 년 후부터 히틀러가 세력을 잡았을 때까지 괴팅겐 대학의 수학 분야는 그녀를 중심으로 돌아갔다. 제일 좋은 학생들이 그녀 밑에 몰렸고, 그녀의 조언을 구하러 먼 곳에서 방문객들이 찾아왔으며, 그녀는 매우 영향력 있는 과목을 강의하였다. 그녀는 위대한 강사는 아니었는지 몰라도 중요한 주제를 강의하였다.

세계 제 1차 대전 중에 히베르트(Hilbert)는 뇌터를 옹호하기 위해 대학 이사회에서 그녀를 조교수로 임명할 것을 제의하였다. 인문학 교수들은 여자가 교수가 된다는 사실에 분노했다. 힐베르트는 이것을 유명하게 비꼬았다. "나는 왜 후보자의 성이 중요한지 이해가 안 된다. 누가 뭐라고 해도 우리 학과가 공중 목욕탕을 운영하는 것이 아니지 않는가". 그럼에도 그것은 불가능했다. 전쟁 후에 그녀는 결국 무보수 조교수로 "임명" 되긴 하였다. 그러나 이것은 뇌터의 마음을 괴롭히는 것이 아니었다. 그녀를 괴롭힌 것은 그녀의 이름이 그 상시 세계 최고의 수학 학회지였던 매스 아날렌 'Mathematische Annalen' 표지에 올라갈 수 없었다는 것이었다. 실제로 그녀는 여러 편집장의 역할을 했으나, 표지에 이름이 실리려면 남자이어야만 했다. 그럼에도 불구하고 그 학회지에 실렸던 그녀의 논문들은 빠른 속도로 최고의 모범 논문이 되었고 수학계에서 그녀의 위치는 매우 높이 올라가게 되었다.

1930년 힐베르트가 정년 퇴임하였을 때, 그는 직접 그의 제일 유명한 제자 헤르만 바일(Hernmamm Weyl)을 그의 후임으로 임명할 것을 요구했고, 왕자의 승계권의 문제와 같이 그것은 토론의 대상이 될 수 없었다. 바일은 괴팅겐에 왔으나, 그 후에 모든 것이 여전히 무보수 하위직에 있는 뇌터를 중심으로 돌아가는 것에 불편함을 드러냈다. 그녀는 사람들이 그녀를 여성인 뇌터 '양' 이 아닌 남성스러운 뇌터 '군' 이라 부를 정도로 남성 동료들과 어울리려고 많은 노력했는데, 어떤 사람들은 악의적으로 그녀 뒤에서 모욕적인 중성 관사를 쓰곤 했다. 뇌터의 사망 후, 바일은 추모사에서 지나친 열정으로 "그녀는 인간 생활의 기본인 감정이 충분히 개발되지 않았는데, 그 중에는 시에서 말하는 사랑, 기쁨, 고통, 슬픔 등의 근원이 되는 성적인 특성도 포함된다."고 말했다. 그녀의 외모에 대해서도 "아무도 신의 은총이 그녀의 요람 옆에 내렸다고 주장하지 못한다."고 했다. 그러나 그는 그녀의 인간적인 면에 대해서는 "사악을 모르는 사람" 이라고 평했으며, 특히 그녀를 진정한 수학의 천재라고 극찬하기까지 했다.

1933년 히틀러가 세력을 잡았다. 뇌터는 유대인이었고, 다른 곳과 마찬가지로 괴팅겐에서도 숙청이 시작됐다. 애드먼드 랜도

(Edmund Landau)의 전설적인 해석적 정수론(analytic number theory) 강의는 오스발트 타이히뮐러(Oswald Teichmuller)가 주도한 학생들의 반대로 취소되었다. 타이히뮐러는 랜도에게 “우리는 유대인 수학이 아닌 아리안 (Aryan) 수학을 배우길 원한다”고 대놓고 말했다. 리하르트 쿠란트(Richard Courant)도 쫓겨나서 미국으로 왔는데, 훌륭한 조직가인 그는 뉴욕 대학을 세계적으로 유명하게 만들었다. 그러나 나치 남자들은 뇌터의 강의를 없앨 수 없었다. 완전히 나치 복장을 한 에른스트 위트(Ernst Witt)와 타이히뮐러, 그리고 다른 많은 총명한 학생들이 그녀의 강의를 듣지 않을 수 없었던 것이다. 아리안(Aryan)의 수학을 원해서 랜도를 쫓아낸 뒤, 문제에 직면한 타이히뮐러가 앞뒤가 맞지 않은 행동으로 뇌터에게 도움을 청했을 때, 그녀는 그를 너그럽게 도와주었다.

하지만 그녀 역시 떠나야 했고 1933년 미국에 왔다. 유대인, 이방인 할 것 없이 독일로부터 많은 수학자들의 유입 규모가 너무 커서 일자리를 찾기란 쉬운 일이 아니었다. 그의 유대인 아내 때문에 떠나야 했던 이방인 바일은 바로 프린스턴 고등학문 연구소(Institute of Advanced Study in Princeton)에 임명되었다. 그러나 뇌터는 그렇게 운이 좋은 편이 아니었다. 그녀에게 제안된 직장은 대학이 아닌 여학생 전문학교인 브린 모어 대학(Bryn Mawr)이었다. 브린 모어 대학은 필라델피아 교외에 있는 좋은 전문학교지만, 뇌터와 같은 세계적 수학자가 있으라고 기대하기는 어려운 곳이었음에도 불구하고 그녀는 이 제안을 쉽게 받아들였다. 그 이유는 수학의 새로운 중심으로 변해가고 있는 프린스턴이 가까이 있기 때문이었다. 브린 모어 대학 최초의 중요한 미국 여자 수학자로서 그녀는 독특한 의상인 올가 타우스키(Olga Taussky)를 입기 시작했다. 그녀는 1934년 여름에 그녀가 남겨 두고 온 재능 있는 나치들이 제대로 수학 연구를 이어가고 있는지 확인하기 위해서 독일을 방문했다. 그리고 미국에 돌아와 다음해 봄 53번째 생일이 지난 얼마 후에 암으로 죽었다. 뉴욕 타임스는 브린 모어 대학의 교수가 죽으면 하던 것처럼 짤막한 사망 기사를 보도했다. 그러나 바로 후에 '에미 뇌터는 여자 전문학교의 교수였을 뿐만 아니라, 고금의 가장 위대한 여자 수학자다'는 편집자에게 배달된 장문의 편지가 실렸다. 그 편지를 보낸 사람은 바로 알버트 아인슈타인이었다.

제 9 장

오스발트 타이히뮐러 (Oswald Teichmüller)와 나치 과학

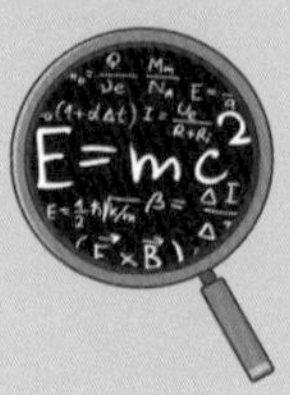

a passion for discovery

제 9 장. 오스발트 타이히뮐러 (Oswald Teichmüller)와 나치 과학

나는 더럼 대성당(Durham Cathedral)에서 성인 커스버트(Cuthbert)의 무덤과 마주쳤는데 거기에는 노섬브리아의 투사이며 왕이었던 오즈월드(Oswald) 성인의 머리도 묻혀있다는 것을 알게 되었다. 투사 왕! 오즈월드라는 이름만 보면 내가 항상 불길한 영감에 휩싸이는 것은 당연했다. 내가 초등학교에 다녔을 때, 영화배우 오스발도 발렌티(Osvaldo Valenti)는 국수주의적 색체로 물들어있는 세계 제2차 대전 중에 여러 이탈리아 영화에서 악역을 맡았다. 전쟁이 끝날 무렵 공산당 일당이 그를 저격했고 그는 화면에서 사라졌다. 그러나 그는 나의 마음에 오즈월드라는 이름을 가진 사람에 대한 영원히 싫증나는 느낌을 남겼다. 나는 그것이 잘못된 것이라는 것과 좋은 오즈월드들도 있다는 것을 알게 되었다. 그럼에도 불구하고 오즈월드하면 생각나는 이름들은 영국의 전쟁 이전의 국수주의자 오즈왈드 모슬리(Oswald Mosley), '서양의 몰락'(Decline of the West)이라는 책을 쓴 오스발트 슈펭글러(Oswald Spengler), 대통령의 암살자 리 하비 오스월드(Lee Harvey Oswald) 등이며 이것들은 나를 우울하게 만든다. 이들 이외에 다른 두 사람, 소스타인 베블런(Thorstein Veblen)의 조카이며, 성격에 어떤지 내가 알지 못하는 프린스턴의 기하학자 오즈월드와 오스발트 타이히뮐러는, 앞장의 내용으로도 짐작이 갔겠지만, 나의 '오즈월드(Oswald)'라는 이름에 대한 반대 선입관을 더 강하게 하였다.

타이히뮐러는 수학 천재이자, 수학에 대한 광신자였다. 결국에는 그는 죽음으로 대가를 치렀다. 학생일 적에 뇌터에게 도움을 청했던 것은 이 남자의 일생의 한 작은 모순에 불과했다. 바보 같은 이야기지만, 타이히뮐러의 란다우(Landau)에 대한 적개심은 적어도 이 젊은이가 믿고 있었던 것들과 딱 맞는다. 나는 그의 이야기를 최대한 객관적으로 다루겠다. 타이히뮐러는 유대인들이 독일 문화에 미치는 치명적인 위험을 완전히 제거해야 한다는 히틀러의 주장에 동조했다. 수학에서는 그는 베를린의 수학자 루트비히 비버바흐(Ludwig Bieberbach)의 개념에 매혹되었다. 나 또한 대학생 때 정말 좋아했던 몇 권의 훌륭한 교과서를 쓴 비버바흐는 오늘날 70여 년이 걸려서 증명된 비버바흐 추측으로 기억되고 있다. 그의 "친구"이며 유대인인 이사이 슈어(Issai Schur)와 같이 또 하나의 유대인인 헤르만 민코프스키(Hermann Minkowski)의 업적에 관해 몇 개의 유명한 논문을 썼음에도 불구하고, 그는 히틀러 집권의 반 유대인 법을 옹호하는 것이 유리하다는 것을 알아차렸다.

비버바흐는 수학에서 재능을 보이지 못했던 유대인과 프랑스 사람들이 사용했던 "분석적" 방식과는 반대로, 독일인의 깊은 직관적 통찰을 반영한 "통합적" 방식을 옹호하며 극단적으로 나갔다. 이러한 그의 주장은 리하르트 바그너의 평론 "음악 속의 유태인(The Jews in Music)"을 떠올리게 했다. 바그너는 그의 평론에서 유대인은 "독일의 대가들"이 갖고 있는 훌륭함이 없으며, 열정이 없으며, 상관없이 의례적인 것만 찾아다닌다고 혹평했다. 바그너의 경우, 이 혹평은 다른 사람들의 성공에 대한 질투와 불만 그리고 명백한 거짓말들이었다. 비버바흐의 경우, 그것은 완벽히 기회주의였다. 그는 유대인이 제거되면 독일 수학계에서 그의 역할이 커지리라 예상했다. 그는 도이체 마테마틱(Duetsche Mathematik)이라는 새로운 논문집을 만들고, 아리아인 기고자들에게 분석에 매달리지 말고 독일인의 직관적 통찰을 중시하라고 주장했다. 이에 타이히뮐러가 적극 동조했다. 지금 타이히뮐러 공간이라고 불리는 이 젊은이의 예언적인 논문들은 대부분 직관적 통찰을 바탕으로 하고 있으며, 수학적 정확성이라고는 찾아볼 수 없는 도이체 마테마틱과 독일의 다른 학회지에 출판되었다. 그 결과 하버드대학교의 라르스 알포르스(Lars Ahlfors)와 뉴욕대학교 라트비아 유대인 립만 베르스(Lipman Bers)에 의해 그의 결과들이 수학적 엄밀성으로 증명된 1950년대까지 타이히뮐러의 업적은 중요하게 취급되지 않았다. 립먼은 유대인 피난민이 열광적으로 나치의 눈부신 수학 개념의 정당함을 입증하는 연구를 했다는 기막힌 아이러니로 잘 알려져 있다. 그는 이 역설을 정당화 하기 위해 플루타르크를 인용하기까지 했다. "어쩔 수 없이 하는 것이 아니다. 만약 어떤 일이 그 자체로 매력적이고 당신에게 기쁨을 준다면, 그 일을 하는 사람은 당신에게 존경을 받을 가치가 있다." 정말 적절한 인용이다. 이 인용은 바그너에게도 적용되고 슬프게도 다른 많은 사람에게도 적용된다.

1930년 중반에 비버바흐는 타이히뮐러를 베를린으로 데리고 왔고, 거기서 타이히뮐러는 그의 연구를 계속했다. 베를린 대학에서 있었던 수학 발표회 강의실의 화재 사건은 유명한 이야기이다. 누군가가 강의실에 불을 질렀는데 그들은 유대인에게 책임을 씌울 수가 없었다. 유대인은 아무도 남아있지 않았기 때문이다. 그 상황에서 조사가 시작되었고, 모든 증거들은 타이히뮐러가 방화범이라고 이야기하고 있었다. 그는 총장실로 불려갔고 총장은 "타이히뮐러 박사, 왜 강의실에 불을 질렀소?"하고 물었다. 잠깐 후에 그는 "그것 참 좋은 질문입니다"라고 대답했다는 소문이 있다. 만약 이 이야기가 사실이라면 그는 분명히 제정신이 아니다. 그러나 이것은 그가 일관성이 부족하지 않았다는 것을 보여준다. 전쟁 동안 베를린 대학의 교수로서 그는 쉽게 징병 유예를 받을 수 있었지만, 전방에 자원했고 우크라이나에서 전사했다. 제정신으로는 불가능한 일임에 틀림없었다. 그는 라트비아의 유대인 총을 맞았는지도 모른다. 그는 그의 총통, 히틀러를 믿었고, 총통을 위해 노력했고, 총통을 위해 죽었다.

비버바흐 달랐다. 그는 전쟁 후 살아남았지만 수학 사회에서는 배제당했다. 1950년 내가 비엔나 대학 대학원 학생이었을 때, 비버바흐의 강의에 대한 광고를 보았다. 나는 그의 과거를 몰랐었고, 그가 쓴 교과서를 극찬했기에 강의 주제는 별로 관심이 없었지만 그를 보기 위해 그 강의에 갔었다. 키가 크고 조금 위압적으로 보이는 나이든 신사가 청중 네다섯 명에게 강의한 것을 기억한다. 다른 사람들도 나처럼 강의에 그렇게 관심 있어 보이지 않았다. 비버바흐는 마치 "옛날 같으면 만원이었을 것인데 이제 이것 밖에는 안되는군"이라고 말하는 것 같은 실망스러운 표정을 지었다. 나는 선배 교수들이 하나도 보이지 않는다는 것으로부터 그 이유를 알아챘어야 했지만, "아마 옛날같이 그렇게 유명하지 않나 보다"라고 순진하게 생각했다. 여러 해가 지나고 나서, 타이히윌러의 공간이 끈 이론에 영향을 주었고 비버바흐는 세상을 떠났다. 그때서야 나는 도이체 마테마틱의 문제점을 알았고 비버바흐의 표정을 이해할 수 있었다.

아마도 바일, 쿠란트, 뇌터 같은 여러 수학자들이 떠난 후에 괴팅겐에 어떤 일들이 일어났는지 궁금할 것이다. 이때 괴팅겐을 담당한 사람은 20세기의 매우 중요한 정수론자중의 한 사람인 헬무트 하세(Helmut Hasse)였다. 하이젠베르크처럼 하세도 일에 전념하면서 젊은 사람들의 생활을 보살폈던 것을 알 수 있다. 그러나 하세는 하이젠베르크와 다른 면이 있었다. 하세는 나치 당원에 지원했지만, 엄격한 조사를 통해 그가 아리아인이라는 조건을 통과하지 못해서 그의 당원 신청은 거절당했다.

하세에 관한 몇 개의 아주 혼란스러운 이야기들이 떠돌아다닌 적이 있다. 소문에 의하면 그는 유명한 프랑스 기하학자 엘리 카르탕(Elie Cartan)에게 만약 가르탕이 공개적으로 독일의 파리 점령을 인정하면, 독일인들에게 잡혀있는 카르탕의 아들은 잘 대우받을 것이라고 제의하는 편지를 보냈다고 한다. 그의 편지는 대답을 할 가치가 없는 것으로 취급되었다. 그런데 이미 고인이 된 시카고 대학 물리학과장 아드리안 알버트(Adrian Albert)의 부인에게서 그녀의 남편이 하세의 이름을 표지에 올리고 뇌터의 이름은 한 번도 올리지 않았던 학회지 매스 아날렌(Mathematische Annalen)에 논문을 출판하기 위해 하세에게 그의 논문을 보냈던 것에 대한 이야기를 들을 수 있었다. 한동안 알버트는 하세로부터 답을 들을 수가 없었다. 그러다가 어느 날 에크하르트 도서관에서 매스 아날렌 최근 호에 그의 논문이 있는 것을 보았다. 그것은 그가 하세에게 보낸 그대로였고, 단 하나의 작은 편집의 변화가 있었다. 그 자신의 이름은 사라지고 두 젊은 독일 수학자들이 저자로 등록되어 있었다. 분명히 미국 유대인도 나치 식으로 숙청되는 것으로부터 피할 수가 없었던 것이다. 이럴 때는 플루타르크의 명언도 우리에게 어떠한 도움이 될 수 없었다.

그러면 나치 복장을 하고 강의를 들었던 뇌터의 학생 에른스트 위트(Ernst Witt)는 어떻게 되었을가? 위트는 가장 창의적인 대수학자로 자리를 잡았다. 전쟁 후 그의 개념들은 넓게 발전했고 그것들은 끈 이론에 나타났다. 수학자 존 톰슨(John Thompson)이 나에게 "꼭 필요할 때 우리는 위트를 철저히 인용지만, 수학 이외의 것에서 그는 외면당했다"고 설명해 주었다.

물리학 분야에도 비슷한 경우가 있다. 일찍이 양자역학과 양자장론에 공헌을 한 파스칼 요르단(Pascual Jordan)은 수학에서 아주 유용한 요르단 대수학 분야를 시작했다. 1960년 후반에 함부르크에 있는 독일 전자 가속기 연구소(DESY)에서 내가 전문가들에게 강의를 하던 것이 기억난다. 그때 나는 함부르크 대학 교수로 있는 요르단을 찾아보아야겠다고 생각했었다. 나는 그의 연구를 존경했고, 때때로 그것을 인용했다. 내가 토론회 주최자에게 그를 어떻게 찾아가는 것이 좋으냐고 물었을 때 "오, 그는 여기서부터 아주 멀리 떨어진 곳에 있다" 혹은 "길을 잃어버릴 것이다. 당신은 그럴 시간이 없다"라는 대답이었다. 다른 사람도 나를 안가도록 설득시키려고 노력했다. "화요일에는 거기에서 그를 찾지 못할 것이다. 그는 화요일에는 절대 거기에 오지 않는다"라고 하거나 어떤 사람은 "그는 건강이 좋지 않다고 알고있다"고 했다. 분명히 무슨 일이 있었던 것이다. 결국 지인들 중 한 명으로부터 솔직한 답을 얻을 수 있었다. "제3제국 하의 그의 행동 때문에 우리는 그와 아무런 접촉도 하고 싶어하지 않는다." 나는 비버바흐의 경우와 같이 세상이 어떻게 돌아가는지 몰랐다. 나는 나의 플루타르크를 읽지 않았고, 순진하게도 훌륭한 과학자들은 올바르게 행동하고 있다고 생각했다.

여러 해 후에 예일 대학교에 있는 나의 친구 페자 귀르세이(Feza Gürsey)가 이야기를 해 주어 그는 요르단을 만났는데, 상당히 이상해져 있었다고 했다. 요르단은 살이 찌고 극도로 심한 말더듬으로 괴로워했으며, 안면 털과 눈썹도 없었다고 했다. 그가 말을 더듬는 것은 일반적으로 알려져 있었다쳐도, 그가 젊었을 때 찍은 사진을 봤을 때 그의 모습은 분명 이상했다. 요르단에게 대체 무슨 일이 일어난 것인가? 그는 '20세기의 물리학'이라는 책을 썼다. 그 책에서 그는 아인슈타인을 그가 확실하게 믿고 있었던 아리아인 연구에 맹목적으로 끼어들려고 하다가 당연한 벌을 받은 뻔뻔스런 유대인으로 묘사하면서 물리학의 역사를 다시 쓰려고 했다. 이 책 출판 후에 요르단은 아인슈타인을 많이 존경하고, 함께 몇 개의 중요한 논문을 썼던 파울리를 만났다. 파울리는 "요르단, 어떻게 그런 엉터리 글을 쓸 수 있어?"라고 물으면서 요르단을 구석으로 몰아넣었고, 요르단은 "파울리, 너는 어떻게 그런 엉터리 글을 읽을 수가 있어?"하고 되물었다. 사실 이 모든 것이 가짜였다. 그렇다면 왜 요르단은 그런 책을 쓴 것일까? 요르단은 유대인들을 추방시킨 나라에서는 언젠가 말더듬이, 혹은 아리아인 자격이 없는 장애인 같았던 자신을 원하지 않게 되면 체포될 것이라고 생각했다. 그래서 요르단은 그 자신을 보호하려고 했었던 것이다.

실험 물리학계에서는 제 3제국은 독일 물리학의 우승자였던, 두 명의 노벨상 수상자 필리프 레나르트(Phillip Lenard)와 요하네스 슈타르크(Johannes Stark)를 배출했다. 레나르트는 표절 혐의로 고소를 하려고 했던 전자 발견자 톰슨(J. J. Thomson)을 포함해 여러 사람들에게 불만을 가지고 있었다. 또한 그는 자신이 발견했으나 설명까지는 하지 못했던 광전효과(photoelectric effect)에 기반을 둔 광양자(light quantum)의 기본 개념을 제의한 아인슈타인도 싫어했다. 많은 현대 물리학들이 아인슈타인의 빛나는 광양자의 개념을 기초로 했으나, 시간이 가면서 물리학자들은 아인슈타인을 그 개념으로 이끌어 낸 레나르트의 실험을 잊어버리거나 제쳐놓게 되었다. 레나르트의 가슴에 질투심이 휘몰아쳤을 것이다. 그는 아인슈타인을 철저히 미워했고 톰슨을 미워했다. 그리고 그는 이것을 유대인과 영국 사람에 대한 증오로 일반화시켰다. 이 증오는 히틀러 아래에서, 그가 아인슈타인의 연구를 "속임수"라고 부르거나, "유대인의 사기"라고 대놓고 욕하는 것을 주저하지 않았을 때, 그의 출세에 큰 도움이 되었다.

슈타르크도 레나르트와 같이 자기들이 연구하는 실험 물리보다 더 많은 주목을 받는 이론 물리를 증오했다. 사람들은 사실에 대한 설명을 좋아하고, 그래서 사실에 대한 이해를 높이기를 원한다. 바로 이것이 이론 물리학이 더 매력적인 이유이다. 그런데 그 당시에는 여러 이론 물리학자들이 유대인이었던 반면, 극소수의 실험 물리학자만 유대인이었다. 그래서 실험 물리학자인 레나르트와 슈타르크는 독일 물리학을 새로 만들고, 모든 이론 물리학을 “유대인 물리학”이라 결정했다. 이는 자신들의 위상을 물리학 성배(holy grail)의 수호자인 독일 기사로 높이는 것을 뜻했다.

제 10 장

인간 존엄성의 자발적 붕괴

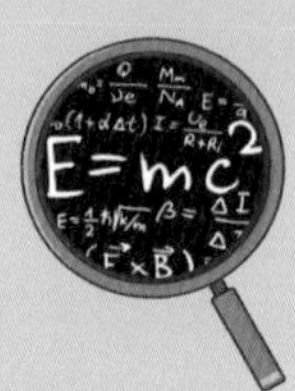

a passion for discovery

제 10 장. 인간 존엄성의 자발적 붕괴

나치 과학자들에 대한 이야기는 이것으로 충분하다. 이 혼란의 시기에는 사람들이 이성을 버리고, 여러 형태의 기회주의를 포용하는 행동 성향이 분명하게 나타났다. 그런데 문제는 여기에 살인이, 대학살이, 포함되어 있다는 것이다. 단지 수학에서 통합적 방법이 우수하다는 것을 주장하기 위해서, 또한 실험 물리학이나 이론 물리학의 우수성을 주장하기 위해서, 나나 당신들이 살인에 찬성하거나, 살인을 할 준비가 되어 있는가? 나는 그러지 않기를 바란다. 나는 어떤 경우라도 살인을 하지 않을 것이다. 어떤 경우에도 그렇다. 하지만 만약 어떤 사람이 나 또는 나의 직계 가족을 죽이겠다고 위협하고 있는 상황이고, 내가 그 협박범을 죽이는 것만이 이 치명적인 위협을 제거하는 유일한 방법이라면 나는 그렇게 할 것이다. 이것은 정당화 될 수 있는 것이며, 실제로 당연히 그렇게 하는 것이 도덕적 의무이다.

그렇다면 자칫 과학자들은 앞서 이야기한 치명적인 위협을 받았는가? 대부분의 경우는 그렇지 않다. 그러나 이 질문은 옳은 질문이 아니다. 적절한 질문은 그들이 치명적인 위협을 받는다고 '느꼈는가' 이다. 이 질문에 대한 답은 그렇게 명백하지 않을 것이다. 레나르트는 그의 음극선(cathode rays)과 광전효과 연구로 물리학계에서 높이 평판 받는 사람이었다. 그러다가 아인슈타인이 그의 광전효과와 그것이 내포하고 있었던 깊은 뜻에 대한 이론적 설명을 하게 되자, 레나르트는 따돌림을 받게 되었다. 짓궂게도 아인슈타인의 획기적인 설명은 레나르트가 음극선과 광전효과로 노벨상을 받는 바로 그날 발표되었다. 이제는 모든 사람들이 아인슈타인을 높게 평가했고, 레나르트는 그의 전 인생의 업적이 갑자기 어느날 나타난 유대인에 의해 사라지는 것을 지켜보게 된 것이다. 레나르트 연구는 그의 인생 자체를 뜻했다. 아인슈타인이 그에게서 이 의미를, 즉 그의 삶을 빼앗았고, 어떤 의미로는 그를 죽였다고 볼 수도 있다. 이것이 레나르트가 아인슈타인에게 복수를 할 권한이 있고, 필요하면 죽이겠다고까지 생각하게 한 이유였다.

비버바흐는 유명한 수학자였고 베를린 대학 교수였다. 그러나 그의 나라 독일에서는 그를 뇌터나 슈어(Schur)보다 낮게 보았고, 다른 유대인 수학자와 유대인을 동정했던 바일보다 낮게 평가하였다. 시작부터 큰 야심을 가지면 뚜렷한 삶의 목표가 생기는 것이다. 그러다가 삶이 원하는 방향으로 실현되지 않으면 실망과 부끄러움 속에 살아가게 된다. 이럴 때 사람은 두 가지 상반된 반응을 보인다. 본인의 기대대로 살아가지 못하는 것에 대하여 자신에 대해 실망하거나, 아니면 자기에게 그 준비된 삶을 주지 않는다고 다른 사람들에게 화를 낸다. 이 두 견해의 차이는 햄릿에 등장하는 폴로니어스(Polonius)의 "본인에게 정직하라"라는 충고를 얼마나 따르느냐에 달려있다. 어떤 경우든지 간에 당신은 죽임을 당한 것은 아니나, 자신의 권리라고 기대했던 삶이 사라지게 된다. 이렇게 생각해 볼 때 왜 비버바흐와 같은 사람들이 유대인 침입자들을 기꺼이 제거하고 독일 수학의 지도자가 되려고 했는지를 이해하는 것은 그렇게 어렵지 않을 것이다. 지도자로서 그리고 통치자로서 살 수 있었던 권리를 외부 요소들이 빼앗아 간 것이다. 그리고 이러한 상황이 사람들을 끝없이 기회주의자로 만들게 되었다.

요르단은 진정으로 두려워했을 것이다. 유대인들 때문에 그의 조국은 거칠게 변했고, 그 또한 그것의 희생이 될 수 있었다. 모든 것이 유대인들의 잘못이었다고 생각했을 수 있다. 더 빨리 유대인들을 제거할수록 더 빨리 살인적인 경향은 가라앉을 것이고, 그것이 그가 살아남을 기회를 더 많이 가질 수 있는 길이라고 생각했을 수 있다.

일단 불합리한 사고가 퍼지고, 공식적인 정책이 되면 복종적인 시민들은 지도자를 따르고 그들이 지도자보다 똑똑하지만 지도자가 그들을 대신해서 생각하게 내버려 둔다. 타이히뮐러와 위트도 이런 부류에 속했을 것이다.

사람들은 어리석었던 과거의 일들에 대해 알았었다면 과거에 저질러진 모든 잘못을 피할 수 있었을 것이라고 생각하기도 한다. 많은 찬사를 받았던 독일 판사의 소설을 보자. 이 책에서 루마니아의 바나트 지역이 고향인 한 무식한 스와비아의 농촌 여자가 소름끼치는 전쟁 살인에 가담하게 된다. 전쟁 후 여러 해가 지난 다음, 그녀는 재판을 받았고 감금되었고 글을 알게 된다. 니체(Nietzsche)와 호머(Homer)에 대하여 조금씩 배우게 되면서, 그녀는 자신의 죄를 깨닫게 되고, 결국 스스로 목을 매 자살한다. 만약 독일인들이 이러한 도덕적 교양이 있었다면, 비버바흐는 분석력 있는 수학자가 되었고, 레나르트는 유대 물리학자가 되었을 것이다.

그러나 우리가 불합리한 쪽으로 변하게 되면, 도덕은 더 이상 아무 소용이 없다. 우리가 불합리적인 사고를 갖게 되면,거만하고 도전적 태도를 취할 뿐만 아니라 그것을 자랑스럽게 명패처럼 옷에 달고 다닌다. 그것은 시대의 유행이 되고 이러한 도전적 태도는 심하면 심할수록 더 좋은 것으로 취급된다. 따라서, 우리는 가장 끔찍한 행동들을 할 뿐만 아니라 다른 사람들로 하여금 그런 끔찍한 행동들을 하게끔 하는 것을 정당하다고 생각한다. 당신이나 나같은 대부분의 사람들은 도덕적으로 어쩔 수 없는 상황에서만 살인을 하게 될 것인데, 이 거만하고 도전적 태도는 이 살인행위에 정당성을 부여한다. 태어나면서부터 악의적인 사람은 아무도 없다. 그들이 보기에는 확실히 도덕적으로 정당화되는 상황에서 소름끼치는 악행을 저지르는 사람들만 있을 뿐이다. 그런 정당성이 없었다면 그들은 잠조차 잘 수 없었을 것이며, 판사 소설의 여주인공처럼 목을 매달았을 것이다. 나는 히틀러가 그런 허위적 도덕의 정당성 속에서 유대인 대학살을 주도했음이 확실하다고 생각하다.

제 11 장

정치 속의 과학자들

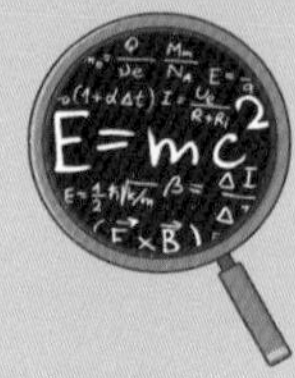

a passion for discovery

제 11 장. 정치 속의 과학자들

압두스 살람(Abdus Salam)은 '세계화'라는 단어가 생기기 훨씬 이전에, 전형적인 세계인 사람이었다. 그는 캠프리지에서 공부를 하고 있었고 킹스톤 남쪽에 있는 임페리얼 대학(Imperial College)에서 그 시대에 가장 유명했던 영국의 이론 물리학 연구팀을 만들었다. 그리고 전자기 힘과 약힘의 통일에 대해 기여해서, 글래쇼(Shelly Glashow)와 스티브 와인버그(Steve Weinberg)와 공동으로 노벨상을 받았다. 그는 높은 명예를 얻은 최초의 이슬람인이었다. 정말 그가 최초의 이슬람이었을까? 엄밀하게 말하면 대답은 '아니요'이다. 그는 아마디(Ahmadi)파의 일원이었다. 그의 아버지는 그 파의 지도자였다. 그럼에도 그는 파키스탄 대통령 아유브 칸(Ayub Khan) 장군과 아주 가까웠으며, 그를 위하여 민감한 외교 임무들을 실행하고 있었다.

1977년 파키스탄에 계엄령이 내려지면서 살람은 그의 조국에서의 행운이 차차 줄어들었다. 이란 혁명의 결과로 새로운 파키스탄의 통치자 지아 울 하크(Zia-ul-Haq) 장군은 그의 나라를 이슬람 공화국으로 만드는 것이 상책이라 생각했다. 이 결과 이슬람교도 신학자들이 득세하게 되었고, 이들의 선동으로 아하마디아 운동(Ahmadis) 금지령이 내려졌으며, 이로인해 아하마디아파가 종종 심한 공격을 당하게 되었다. 그 뒤, 아하마디아파는 세계

무슬림연맹(World Muslim League)에 의해 이교도라고 선포되었고, 그들이 이슬람을 따르는 것과 그들 자신들을 이슬람이라고 부르는 것이 금지되었다. 노벨상 수상으로 자기 자신을 젊은 파키스탄인들에게 롤모델로 만들 수 있었음에도 불구하고, 살람은 파키스탄 정부와의 관계를 끝냈다. 그는 파키스탄의 광신적 행위에 곤혹스러워했다. 트리에스테(Trieste)에 있는 국제 이론물리 센터(International Center for Theoretical Physics)의 소장 사무실에서 그는 나에게 "피터, 짐작이나 할 수 있었겠어? 그들은 더 이상 나를 원하지 않아. 나는 지아(Zia)에게 가서 항의하자, 그는 '살람교수, 나는 당신이 나와 같은 좋은 회교도라는 것을 알지만 내가 할 수 있는 것은 아무것도 없소. 한가지, 당신한테 아무 일도 일어나지 않게 내가 약속하겠소.' 라고 했어. "상상할 수 있어? 정말 줏대 없고 선견지명이 없는 사람이야."라고 하며 불평했다.

살람은 대단히 이상주의적 이유로 트리에스테(Trieste)에 있는 국제 이론물리 센터에서 명성을 쌓아 올렸기 때문에 더욱더 상처를 받을 수밖에 없었다. 그는 개발도상국으로부터 젊은 과학자들을 데리고 와서 세계 최고의 과학자들과 교류시키려고 했다. 그는 종교적 광신주의 앞에서 과학은 쇠퇴한다는 것을 아주 잘 알고 있었다. 그는 문명 사회의 화합을 믿고 있었으며 서양 친구들에게 13세기 초에는 서양인 마이클 스콧(Michael the Scot)이 아랍 세계로부터 지식을 배워 중세 암흑시대에 빠져있던 근본주의자들의 유럽을 잠에서 깨웠다는 것을 상기시켰다. 그후 7세기가 지나서, 살람은 지식의 흐름을 서양 선진국에서 개발도상국으로 역전시키기 위하여 국제 이론물리 센터를 세웠다. 초창기에는 살람 덕택에 연구소는 꽤 성공적이었다. 유네스코의 국제 이론물리 센터 후원 자금 자체가 기반이 불안했기에, 살람은 경제적 여유가 있는 나라들로부터 자금을 조달하기로 마음먹었다. 그는 이슬람 과학 재단(Islamic Science Foundation)이라는 형태로 10억 불 정도를 조달하려고 했다. 그래서 그의 입장을 설명하기 위해서 아랍 국가에 갔으나, 그들은 그 노벨 수상자에게 예의 바르게 그가 하는 말을 경청하는 척하며 그에게 기념패와 얼마되지 않는 돈을 주어 돌려보냈다.

살람은 착실한 이슬람 신자였다. 그는 모든 율법을 주의 깊게 지켰다. 그는 두 명의 아내를 두었고 노벨 수상식에 둘 다 데리고 왔다. 이혼한 후 2~3주 후에 나는 트리에스테에서 개최된 학회에서 발표하기로 예정되어 있었으나, 너무 신경이 예민해져 그 발표를 취소했다. 몇 달 후에 나는 살람을 워싱턴에서 만났다. 그는 나에게로 와서 어깨를 가볍게 두드리면서 "이혼은 아주 가슴 아픈 것일 수 있다."라고 하면서 나를 위로했다. 그리고 그는 나에게 이슬람교로 전환하라고 권했다. "우리는 네 명의 아내를 가질 수 있다. 만약 한 사람과 문제가 생기면 다른 세 사람이 있어서 한 아내와 이혼한 것을 거의 느끼지 못한다."

"하지만 나는 그렇게 하지 않고도 지금 '두 명'의 아내로 만족한다."라고 나는 대답했다. 이 대답은 수학이나 물리학에서 0과 2가 같다고 보는 셈법을 두고 한 말이었다. 내가 그의 "거의 느끼지 못한다."는 격려에 성공적으로 대응하는 방법은 이혼 후 2년 만에 다시 나의 첫 번째 아내와 결혼하는 것이었으며 실제 나는 그렇게 했다.

페자 귀르세이(Feza Gursey)가 1960년도에 임페리얼 칼리지(Imperial College)에 갔었다고 했다. 그는 살람과 토론하다가 출출해져서 점심을 먹으면서 토론을 계속하자고 제의했다. "지금은 라마단 기간이다. 너는 회교도이니 해가 질 때까지는 단식해야 한다."고 살람이 꾸짖었다. "나는 일을 할 때는 먹어야 해. 만약 네가 안가겠다면 나 혼자 가겠다." 페자는 영국식 프랑스 음식을 제공하는 임페리얼 칼리지의 교수식당에 가서 식사를 했고, 토론을 계속하기 위하여 바로 살람의 사무실로 갔다. 그는 신사답게 노크를 하고 문을 열었다. 그 순간에 살람의 책상 서랍 문이 급하게 닫혔다. 페자는 점심 시간 동안 그를 몰두시켰던 질문을 살람에게 하기 시작했다. 살람은 부끄러운 듯 페자를 쳐다보고, 아무 말도 못했다. 그의 입은 꽉 차 있었다. 음식을 삼키고 나서야 그는 책상 서랍을 열어 보이면서 "이건 단지 바나나야, 바나나"라고 했다. 페자는 이해했다. 그는 세속적 터키에서 온 회교도이고, 종교에 관한 것에 대해서는 지켜야 할 것이 없다. 하지만 살람은 파키스탄에서 온 아마디파이다. 이것은 확실히 다른 것이다.

어처구니없게도 제일 유명한 살람의 제자는 그 당시 이스라엘의 일부였던 팔레스타인에서 출생한, 메나헴 베긴(Menahem Begin)이 이끄는 리쿠드(Likud) 당의 내각 과학부장관이 된 유발 니만(Yuval Ne' eman)이었다. 그는 이스라엘 정보부에 아주 높은 직책을 맡고 있었다. 1950년도에 그는 주 영국 대사관에 두 척의 잠수함 구입 협상을 위하여 국방무관으로 파견되었다. 협상은 일상적인 것이었고 시간이 좀 걸렸다. 그래서 유발에게 그만두었던 이론물리 공부를 다시 시작할 수 있는 시간을 주었다. 런던 대학에는 물리학 강의를 제공하는 몇 개의 학부가 있는데, 우연히도 임페리얼 칼리지가 이스라엘 대사관에서 가장 가까이 있었다. 그래서 그는 임페리얼 칼리지를 택하게 되었고, 살람의 지도 하에 강입자(hadrons)라고 불리는 강한 상호작용하는 입자들을 묘사하는 논문을 마쳤다. 독립적으로 그것을 발견한 머리 겔만(Murray Gell-Mann)은 그것을 "여덟 갈래 길 (eight-fold way)"이라고 불렀다. 이 '여덟 갈래 길'의 성공은 몇 년 후에 겔만과 조지 츠바이크(George Zweig)에 의해 쿼크 입자 도입을 이끌어내었다. 유발은 이제 완전한 이론 물리학자가 되었다.

6일 간의 전쟁 동안 유발은 이스라엘에 도움이 되기를 원했으나, 오랫동안 외국에 있었기 때문에 보도자료를 담당하게 되었다. 그는 이 일이 굉장히 재미있었다고 했다. 아랍 언론들은 연이은 큰 승리들을 주장하고 있었고, 이스라엘이라는 나라는 곧 파괴될 것이라고 선전하고 있었다. 이것은 해외에 있는 유대인들로 하여금 이스라엘에 필요한 많은 경제적 지원을 하게끔 했다. 그러나 사실은, 전쟁 첫날에 이스라엘이 이집트 공군을 완전히 궤멸시킴으로써 이미 승리한 것이나 다름 없었다. 그래서 유발의 임무는 아랍 국가들의 주장을 반대하지 않고, 전쟁을 가능한 한 오래 끌고 가서 돈이 계속 들어오게 하는 것이었다. 그러나 유발은 이것을 단 6일 정도까지 밖에 연장할 수 없었다.

유발과 나는 과학적인 일로 가끔씩 만났고, 우리는 친구가 되었다. 우리는 물리학 이외에 정치도 토론했다. 유발은 강경론자였다. 그는 시나이 반도를 이집트에 돌려주는 것을 완강히 반대했고, 그에 대한 항의로 장관직을 사임했다. 그는 이츠하크 라빈(Yitzhak Rabin)에 대해서는 불평을 늘어놨고, 군사적인 면에서는 아리엘 샤론(Ariel Sharon)과 뜻을 같이했다. 어느 겨울날 택시를 잡기 위해서 우리는 뉴욕의 우범지대를 지나 뉴욕 시립대(City College)에서 맨해튼 중심가까지 걸어갔다. 함께 가는 동안 유발은 이스라엘을 위한 올바른 정책들과 그 동안의 실수들에 대해 장황하게 설명했다. 택시 안에서 나는 왜 그가 정치에 뛰어들지 않았는지 물었다. 그는 이 질문에 놀란 것 같은 반응을 보였으나, 나는 그가 이미 그 생각을 하고 있었으며 나의 반응을 살핀다는 분명한 인상을 받았다. 어쨌든 간에 그 후 얼마 되지 않아서 유발은 극우파인 Tehiya당을 조직했고 이스라엘 국회(Knesset) 의원으로 당선되었다.

물리 학계에서는 유발의 정치운동에 대해 많은 비난이 있었으나, 내가 보기에는, 그의 행동은 시종일관 합리적이었다. 유발의 중요 안건은 이스라엘이 6일 전쟁 동안에 얻은 영토를 어떻게 처리하느냐 하는 것이었다. 만약 국가가 다른 나라에 의해 공격을 당했을 때, 그 공격을 무찌르고 반대로 땅을 빼앗았을 때는 3가지 방법으로 처리가 가능하다. 첫째는 당연히 패배한 침략자와 평화 협상을 시작하고 땅을 거래의 수단으로 사용하는 것이다. 둘째는 그 땅을 공공연히 합병하고 그곳에 사는 사람들을 쫓아내, 땅을 식민지로 만들고 잘되기를 바라는 것이다. 세 번째 가능성은 그 땅을 점령하고 한동안 점령자로 행동하며 점차적으로 땅을 식민지로 만드는 것이다.

나의 견해로는 세 번째 선택은 원한을 많이 만들고 끝에는 어쩔 수 없는 반란을 발생시키기 때문에 현명한 정부라면 피할 것이라 생각한다. 6일 전쟁이 이스라엘의 완전한 승리로 끝났을 때, 나는 이것이 협상으로 해결되길 바랐다. 협상이 몇 번 시도되었으나 아무 결과가 없었다. 반대로 유발은 병합(annexation)을 더 지지했다. 그의 선택을 찬성하든지 안하든지 간에 그가 주장하는 정책은 가혹하다고 볼 수 있으나, 분명하고 대단히 논리적이었다.

과학부 장관으로 있는 동안 그는 지중해와 사해를 연결하는 운하 등, 몇 개의 아주 상상력 있는 계획안을 제시하였다. 그러나 궁극적으로 그 제안들은 다른 나라 땅을 점령하지 않고는 불가능한 것이었고, 결국 실현되지 않았다.

유발은 과학자 출신의 첫 번째 정치인이 아니다. 유명한 프랑스 수학자 팽르베(Painleve)는 프랑스 수상을 지냈었고, 아이작 뉴턴(Isaac Newton)경은 주지사와 조폐 국장으로 선임되었다. 그는 톱니 모양의 동전을 도입함으로써 끊임없는 기여를 했다. 일반적으로 부유한 소수의 사람들만 화폐에 관심이 있다는 것을 제외하면, 뉴턴의 화폐로 만들어진 명성은 그의 물리학과 수학에서의 명성과 비 길만하다.

아인슈타인 역시 현실 정치에 끌려들어갈 뻔 했다. 1948년 이스라엘이 설립되었을 때, 그는 이스라엘의 첫 수상이 되어달라는 제안을 받았다. 이스라엘의 중요한 정치인이 프린스턴 대학교에 있는 아인슈타인을 찾아와 이 제의를 했으나 그는 현명하게 이를 거절했다. 하지만 이갈 야딘(Yigal Yadin) 장군에 의하면 이스라엘 사람들은 아인슈타인이 제의를 받아들이는 경우를 대비하여 만반의 준비를 해두었다고 했다.

그러나 아인슈타인은 정치에 대해 관심이 많았고 건전한 생각을 가지고 있었다. 이 물리학자에 관한 내가 들은 첫 번째 이야기는 베를린 대학에서 경제적으로 어렵고 정치적으로 어두웠던 20세기에 관해 저녁 토론을 했을 때 아인슈타인이 학생들의 주빈으로 참석한 것이다. 먼저 한 학생이 어떻게 경제가 개인의 역할에 상관없이 역사를 결정짓는가에 대하여 열정적으로 연설을 했다. 연설이 끝났을 때 발언자는 기대했던 지지를 바라면서 위대한 물리학자 쪽으로 머리를 돌렸다. 그러나 아인슈타인은 그 학생이 발표한 의견과는 완전히 다른 견해를 갖고 있었고, 그의 의견을 말하기 위해 회의장 가운데에 앉아있는 학생에게 말을 걸었다. 좀 수척한, 낡은 외투를 입고 면도도 하지 않은, 실제로 꾀죄죄한 청년이 일어났다. 오른쪽 볼에 있는 큰 수직의 흉터 자국은 그가 결투 동우회의 회원임을 짐작케 했다. 아인슈타인은 그 학생에게 충분한 생활비가 있는지 물었다. 놀랄 것 없이 그 학생은 근근이 생활을 유지한다고 대답했다.

"월수입 XXX (아인슈타인은 실제로 금액을 말했다)면 너의 문제를 해결하는데 많은 도움이 되겠지?"

"당연이 도움이 되지요. 그러나 요즈음 같은 때에 어디에 가서 그런 수당을 받을 수 있겠어요?"

"우연히도 사회주의 학생회(Socialist Students' Association)로부터 정확하게 그 수당에 누군가를 추천해 달라는 요청을 받았다. 너 이름을 알려주면 내가 너를 추천하겠다."

“절대 안 하겠습니다. 사회주의자로부터 돈을 받기보다는, 굶는 것을 택하겠습니다.”라고 말하고 화가 난 그 학생은 자리에 앉았다.

아인슈타인은 웃으면서 “역사가 경제에 의해 결정된다는 것은 이 정도다.”라고 결론지었다.

아인슈타인은 반세기 전에 죽었고 네에만(Ne’eman)의 Tehiya 당은 이스라엘 국회의 모든 자리를 잃었으며, 그는 지난해에 죽었다. 살람은 여러 해 동안 파킨슨병과 싸우다 1996년에 죽었다.

제 12 장

과학에서의 유대인, 그리고 유대인에 대한 반발

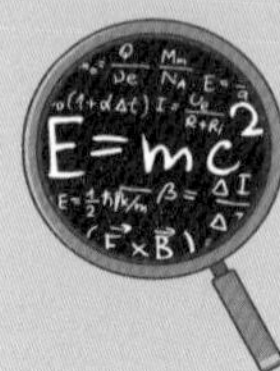

a passion for discovery

제 12 장. 과학에서의 유대인 그리고 유대인에 대한 반발

물리학자들이 자주하는 농담이 있다. 지구에 있는 인간과 반(反)물질로 만들어진 은하계에서 사는 생물체 사이에 통신이 확립되었다. 그래서 확인된 반대편 세상에는 반(反)과학, 반(反)수학, 반(反)물리학이 있었다. 지구의 물리학자들은 반(反)물리 반(反)연구실을 살펴보았다. 그리고 그들은 놀랍게도 그것이 반(反)유대주의자로 채워져 있는 것을 발견했다.

인구 수에 비하면 유대인들은 사람들이 예상하는 것보다 훨씬 더 많은 숫자로 오늘날 과학계를 대표하지만, 항상 그런 것은 아니었다. 초기 근대 과학은 전적으로 유대인들이 아닌 사람들의 노력으로 이루어졌다. 코페르니쿠스(Copernicus), 케플러(Kepler), 갈릴레오(Galileo), 뉴턴(Newton) 등은 그 누구도 유대인이 아니었다. 계몽 운동과 프랑스 혁명의 결과로 유대인들이 해방된 후에야 상당한 유대인 과학자와 예술가가 현장에 나타났다. 야코비(Jacobi), 실베스터(Sylvester), 아인슈타인(Eisenstein), 크로네커(Kronecker) 등 수학자들이 제일 먼저 나오기 시작했다. 그리곤 멘델스존(Mendels-sohn-Bartholdy), 마이어베어(Meyerbeer), 알레비(Halévy), 오펜바흐(Offenbach), 말러(Mahler), 하이네(Heine) 등 작곡가와 시인들이 그 뒤를 이어 나왔다. 이들 예술과 과학 분야는 장비나 시설들을 거의 필요로 하지 않았다.

이렇게 시작해서 19세기와 20세기 동안은 유대인들은 모든 과학계와 예술계로 나아갔다. 이들 활동의 결과는 놀라운 것이었고, 그것의 가치는 모든 사람들로부터 인정받을 수 있었기 때문에, 작자나 발견자가 지니는 민족성에 크게 개의치 않았다. 수학자들은 개신교 신자인 게오르크 칸터오(Georg Cantor)의 조상이 유대인이든 아니든 그의 집합론(set theory) 없이는 아무것도 할 수 없다. 음악가들은 '방황하는 젊은이의 노래(Songs of Way-farer)' 없이는 안된다. 이것은 당신이 유대인 집합과 아리아인의 집합 사이에서 선택을 하거나 유대인 방랑자와 아리아인 방랑자 사이에서 선택을 하는 것과는 다르다. 그렇다고해도 과학계과 예술계에서 유대인의 성장이 어려움 없이 순탄하게만 이루어진 것은 아니다.

처음에는 예술과 과학 분야에서 유대인의 출현은 일시적인 현상 정도로 지나갔다. 그렇다가 한 유대인이 수식을 풀거나 노래를 쓰기 시작했다. 그게 뭐 어쨌다는 건가? 그러나 오래가지 않아 반발이 나왔다. 리하르트 바그너(Richard Wagner) 같이 위대한 음악가도 책자들 뿐만 아니라 그의 음악을 통해서까지 알베리히(Alberich), 마임(Mime), 베크메서(Beckmesser), 클링조르(Klingsor) 등의 유대인 악당을 등장시켜 유대인에 대해 신랄한 폭언을 퍼붓는데 많은 시간을 보냈다. 우습게도 이들 악역들은 바그너의 너무나 감탄스러운, 하지만 동시에 인종적 편견을 마음에 새기게 하는 작품들이다. 바그너가 작곡한 것들 중에 제일이라고 생각되는 – 이 견해를 유명한 러시아 작곡가 드미트리 스타코비치(Dmitrii Shostakovich)와 함께 나눈다는 것을 나는 기쁘게 생각한다 – 지크프리트(Siegfried)의 제 1막은 유대인 마임를 조롱하려고 하는 노골적인 시도를 보여준다. 결국 이것은 바그너가 그의 음악은 실제로 모든 고결한 아리아인들에 관한 것이라고 하는 주장보다 더 그 등장인물을 흥미롭게 만들었다.

적어도 제 3제국 바깥에서, 물리학과 수학에서의 반발은 예의 바른 형태로 일어났으나, 그렇다고 덜 위험한 형태로 일어났고도 할 수 없다. 예를 들면, 최초의 세계적인 미국 수학자 조지 버코프(George Birkhoff)는 아인슈타인의 말에 따르면 세계적으로 유명한 유대인 반대파들 중 한 사람이었다. 그는 잘 알려진 반유대주의자 헨리 포드(Henry Ford)나 존 D. 록펠러(John D. Rockefeller)와 비유될 만했다.

20세기 후반의 훌륭하고 총명한 지성인의 한 사람인 머리 겔만(Murray Gell-Mann)의 경우를 보자. 그는 예일 대학교에서 학부를 마치고 프린스턴 대학원에 입학을 거절당하자 MIT에서 대학원을 다녔다. 왜 프린스턴 대학원은 그와 같은 재능 있는 지원자를 거절했는가? 유명한 프린스턴 대학의 공리적 양자장론(axiomatic quantum field theory)학자 아서 와이트먼(Arthur Wightman)이 기록을 조사했는데, 결과적으로 그는 머리 겔만을 뽑지 않은 것이 프린스턴 대학의 완벽한 잘못은 아니라는 것을 알아챘다. 예일 대학교의 추천 편지는 겔만을 생각만큼 좋지 않고, 잘난 척하는 젊은이, 즉 억지스런 유대인으로 묘사했다. 겔만이 조용하고 수동적인 사람이 아니라는 것은 새로운 것이나, 그가 어떻게 그런 평가를 받았는지 궁금하다.

이 일은 벤저민 프랭클린(Benjamin Franklin) 다음으로 세계적 갈채를 받은 최초의 미국 실험 물리학자 아우구스투스 롤랜드(Augustus Rowland)를 떠올리게 한다. 19세기 끝 무렵, 그는 존 홉킨스(John Hopkins) 대학 물리학 교수였는데 어느 날 법정에 나와 증언을 하게 되었다. 변호사가 그에게 "교수님, 당신은 누가 미국에서 제일 훌륭한 물리학자라고 생각합니까?"라고 물었고, 그는 "저입니다."라고 답했다. 그 다음날 화가 난 동료들이 그에게 겸손이 부족했다고 비난했다. 롤랜드는 진심으로 "그러나 나는 법정 선서 하에 있어 거짓말을 할 수 없었어"라고 대답했다. 아마도 겔만도 이와 비슷한 상황이 아니었을까.

전쟁 전 미국이 보여주었던 반유대주의는, 모순적으로 들릴지도 모르겠으나, 영국처럼 신사적인(학살 없는) 반유대주의였다. 독일 밖의 과학계에서 반유대주의는 소련 연방에서 나타났다. 수학 분야에서는 이러한 것이 20세기 러시아에서 나타난 천재적 위상수학자 레프 세묘노비치 폰트랴긴(Lev Semenovich Pontryagin)과 정수론자 이반 마트베예비치 비노그라도프(Ivan Matveyevich Vinogradov)에게서 나타났다. 폰트랴긴의 반유대주의는 굉장히 흥미롭다. 왜냐하면 그것은 기록으로 충분히 남아있고 불합리한 점들이 너무나 잘 드러나기 때문이다.

폰트랴긴의 자서전을 살펴보자. 그 당시 소련에서는 잘 알려진 수학자가 70살이 되면, 가까운 동료나 학생이 그의 업적을 "Pro-gress in Mathematical Science"라는 학술지에 출판하곤 하였다. 1978년 폰트랴긴이 70살에 이르렀고, 그는 스스로 학술지에 올릴 그의 자서전을 쓰기 시작했다. 미국 구독자들이 이 학술지를 봤을 때, 잡지의 한 부분이 훼손되어 있었다. 목차에 실려 있어야 할 자서전은 빠져있었다. 정치적인 이유로 소련 검열관들이 말 그대로 그쪽들을 잘라내 버린 것이다. 폰트랴긴의 자서전은 너무나 노골적으로 반유대주의적이어서 검열관조차 그 학술지에 실린 내용 때문에 소련이 국제적으로 보여주려고 노력했던 좋은 인상을 깨버릴까 걱정했던 것이다.

어쨌든 폰트랴긴의 자서전은 밖으로 알려지게 되었다. 그의 생에서 결정적 순간은 그를 장님으로 만든 어린 시절의 사고였다. 눈이 먼 것이 그의 수학적 통찰력을 무디게 하지는 않았지만 그의 의심하는 버릇을 키웠다는 것은 이해할 수 있다. 그는 모스코바 대학에서 위상수학자 알렉산드로프(P. S. Aleksandrov)와 함께 공부했다. 20세기 중반, 소련의 다른 유력한 수학자 콜모고로프(A. N. Kolmogorov)는 그의 경쟁자이자 동료였다.

폰트랴긴은 콜모고로프가 그의 연구 과정에서 중요한 순간에 항상 그의 곁을 맴돌았고 그의 연구를 비하하고 틀렸다는 것을 증명하려 한다고 얘기했다. 마치 이것이 참기 어려운 고통이었는지, 폰트랴긴은 사람들에 대한 공포로 둘러싸여 있었다. 폰트랴긴은 브레주네프(Brezhnev)시대에 나온 자서전에서, 그가 몰로토프(Molotov)의 연설에서 처음으로 전쟁에 관해서 알게 되었고 소련이 패배할 것을 확신했다고 스스로 인정했다. 그런 사소한 몰로토프 개인의 패배자의 태도는 스탈린의 공포정치 후의 브레주네프 시대에서도 쉽게 자국의 시민들을 시베리아로 귀양 보낼 수 있었다. 그럼에도, 그는 대담하게 이 모든 것을 인정하는 것을 주저하지 않았다.

전쟁에 대한 공포가 그를 이름이 알려지지 않은 유대인 여자와의 비참한 결혼으로 이끌었다. 전쟁 후 그들은 이혼했고, 그는 반유대주의 정회원으로 새롭게 태어났다. 이 새로운 일에서 그의 지도자는 비나그라도프(Vinogradov)였다. 그들은 함께 소련 수학계를 장악해 나갔다. 그때 폰트랴긴의 가장 중요한 업무는 자주 거론되고 있던 저자들의 이름들, 다시 말해, 유대인 이름을 가진 저자들을 소련 과학계에서 제거하는 것이었다. 조심성 있는 수학자였던 그는 같은 방법을 대학원 졸업장 수여자들에게도 적용하였다. 아주 재주 있는 수학자 빈버그(Vinberg)의 박사 학위 심사 위원이었을 때, 그는 그 후보자를 탈락시키고는 "나는 유대인을 낙제시켰다"며 자랑했다. 그 후에 빈버그는 유대인이 아니라 러시아 표트르 황제(Peter the Great)와 같은 북쪽 출신이라는 사실이 알려졌고, 빈버그는 종신 교수의 명칭을 얻을 수 있었다.

그러나 모든 이야기들이 빈버그와 같이 행복한 종결로 끝나지 않았다. 빈버그의 학생이었던 유명한 대수학자 빅토르 카츠(Victor Kac)는 폰트랴긴 때문에 소련을 떠나야 했다. 나와 빅토르 카츠가 1976년 버지니아 대학 학회에 발표자로 초청 받았을 때, 그는 미국에 도착한지 몇일이 지나지 않았었고, 그에게 소련을 떠나려고 결정하는 것이 쉬웠느냐고 물었다. 미국에서 사는 것이 소련에서 사는 것보다 몇 배가 나은 것이라는 것에 대해서는 말 할 필요가 없었지만 과학적 창조력은 여러 보이지 않은 것들 – 동료들과의 관계, 새로운 이론을 설명한 후 동료들의 얼굴에서 보이는 미소의 의미, 작업 환경과의 친숙함, 어떤 책이 도서관 어디에 있다는 것을 아는 지식, 도서관에 가는 동안 방해 받지 않고 생각을 계속할 수 있도록 가는 길에 대한 정확한 지식 등 – 에 의존하기 때문이다. 살기 좋고 쾌적한 곳이라고 해서 모든 것이 다 잘 풀리는 것은 아니다. 그것은 큰 위험을 동반한다. 험한 소련에서 대수학 분야의 뛰어난 연구 결과를 내놓은 카츠는 이러한 위험을 택했다. 왜 그랬을까?

"나는 모스코바에서 연구 결과를 출판하기 위해 많은 시간을 보내야 했다. 내가 논문을 제출한 후 6개월이 지나서야 폰트랴긴은 '이 논문이 소련 수학의 기준에 도달하지 않는다'는 의미 없는 말로 내 논문을 거절하곤 했다. 그의 말이 뜻하는 바는, 내 이름이 유대인 이름 같다는 것 말고는 아무런 다른 뜻이 없었다"라고 그는 말했다.

이번에는 그 늙은이가 카츠가 빈버그와는 달리 유명한 가문 출신이 아니라는 것을 제대로 알았던 것이다. 미국으로 온 뒤, 카츠는 MIT에서 훌륭한 연구를 계속했다. 그는 캠브리지 대학 도서관에 가는 길을 찾았고, 미국 사람들의 얼굴에서 미소를 읽는 방법도 배웠음이 틀림없다.

자기가 쓴 자서전에서 폰트랴긴은 국제 수학 연합(International Mathematical Union)을 포함한 여러 곳에서 유대인들이 음모를 꾸미고 있다고 주장했다. 그가 국제 수학 협회 임원으로 있을 때 그는 "유대인들이 협회를 자기들 것으로 만들려고 시도했다. 그들은 별 볼일 없는 과학자, 그러나 열정적 유대민족주의자인 제이콥슨(N. Jacobson) 교수를 회장으로 만들려고 노력했다. 나는 그 침략을 막아냈다."라고 썼다. 분명히 그는 제이콥슨의 정치적 행동에 대해 자세히 알고 있지 않았지만 그를 유대인이란 말 대신 유대민족주의자라고 불렀다. 제이콥슨은 폰트랴긴과 같은 수준의 수학자였을까? 당연히 아니다. 그는 예일 대학교의 저명한 대수학자로 여러 유명한 논문과 책을 쓴 사람이다. 10명의 임원들로 구성된 국제 수학 연합 이사회를 생각해 보자. 폰트랴긴이 자신이 알아들을 수 없는 영어 대화에서 다른 9명이 하는 토론내용을 얼마나 이해했는지 누가 장담할 수 있겠는가?

어떤 이유였던지 간에 폰트랴긴은 악랄한 반유대인이었다. 도대체 왜 소련에 있는 그 누구도 그의 이런 잘못을 멈추게 하지 않았는가? 그와 같은 수준에 있는 동료들, 수학 천재라 불렸던 콜모고로프, 혹은 폰트랴긴의 지도 교수 알렉산드로프는 왜 침묵하고 있었는가? 이 질문에 대한 극적인 대답은 콜모고로프와 알렉산드로프가 공개적으로 같이 살고 있었다는 것이고, 그들은 아무것도 할 수 없었다. 많은 사람들이 그 사실을 알고 있었으며 그것은 어느정도까지는 용인되었다. 만약 그들이 폰트랴긴을 걸고 넘어졌다면, 그들은 아마 시베리아행 기차를 탔을 것이다. 그래서 사람들은 수학을 가르켜 현실과는 동떨어진 추상적인 학문이라고 한다.

이제 폰트랴긴은 죽었고 콜모고로프와 알렉산드로프도 세상을 떠났다. 소련 연방 또한 사라졌다. 그렇다면 적어도 소련 수학계에서는 반유대감정이 사라졌는가? 당연히 아니다! 그렇게 속단한다면 잘못이다. 이 옛 감정은 현재 러시아 혐오증(Russophobia) 속에서도 건재하고 있다. 이것은 러시아 수학의 거장 이고르(Igor Rostislavovich Shafarevich)가 쓴 새로운 반유대주의 글에 잘 나타나 있다.

제 13 장

스탈린과 양자

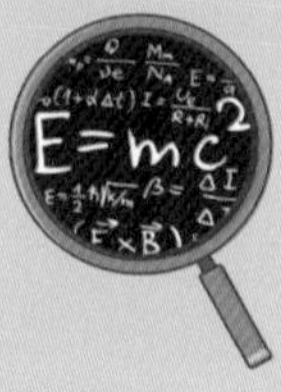

a passion for discovery

제 13 장. 스탈린과 양자

20세기의 사악한 쌍둥이였던 군국주의와 공산주의는 어떻게 유대인들을 처리할 것인가에 대해 대부분 합의했을 뿐만 아니라 양자물리학에 대해 비슷한 태도를 가지고 있었다. 나치는 양자물리학을 유대인 물리학으로 보았기 때문에 미워했고, 소련은 그것이 무산 계습의 이념적인 근거인 변증법적 유물론에 반한다고 생각했기 때문에 미워했다.

스탈린(Stalin)과 그의 동지들이 반대하는 근본적 이유는 1920년도에 하이젠베르크와 보어가 코펜하겐에서 개발한 양자역학의 확률적 해석 때문이었다. 그들의 해석에 의하면 연속되는 같은 실험에 대해서 어떤 특정한 결과의 가능성을 예측할 수 있으나, 각 개별 실험에 대해서는 어떤 결과가 나올 것이라고는 예측할 수 없다는 것이다. 예를 들면, 만약 전자빔(beam of electron)을 양성자로 만들어진 목표물에 쏘면 들어오는 전자들이 어떤 각도로 굴절할 것이라는 가능성을 예측할 수는 있지만, 정확히 27번째 전자가 그 각도로 굴절할 것인지는 예측할 수 없다는 것이다. 이것은 동전 던지기와 비슷하다. 뒷면이 나올 가능성이 50%라는 것을 예측할 수 있지만 27번째 동전을 던졌을 때 뒷면이 나올 것이라고 예측할 수는 없다.

아인슈타인 자신도 코펜하겐에서 나온 이 해석을 "신은 주사위 놀이를 하지 않는다"라며 반대했다. 스탈린은 신이 주사위 놀이를 하는지 안하는지에는 아무 관심이 없었다. 그를 괴롭힌 것은 전자들이 자유로운 의지를 가진 것같이 보이는 것이었다. 그는 전자들마저도 복종적이길 원했다. 그뿐만 아니라 만약 전자, 양성자, 원자, 나아가 소련 시민과 같은 물체가 자유 의지의 흔적을 지니고 있다면 스탈린주의자들의 신조였던 사회적 진화의 완벽한 모습인 공산주의가 무너지게 된다. 그래서 코펜하겐에서의 해석은 "과학적 유물론(scientific materialism)"과 모순되고, 그러므로 이상주의적 스탈린주의자들에게는 받아들일 수 없는 것이었다. 문제는 이 양자역학이 원자 폭탄을 만들었다는 것이며, 이 양자역학의 부정은 그들 스스로 원자폭탄을 만들지 못하게 하는 일종의 이념적인 자발적 군비제한의 족쇄가 되었다는 것이다.

소련 철학자들은 신이 났다. 레프 란다우(Lev Landau)와 리프쉬츠(E. M. Lifshitz)의 탁월한 양자역학 교과서에서 숨어있었던 위험한 이단을 발견했고, 이 두 물리학자들은 시베리아로 귀양갈 처지에 몰리게 된 것이다.

이 모순을 그냥 둘 수만은 없었다. 이때, 코펜하겐에서의 해석을 마르크스 이론과 화해시킨 방법은 이란의 이슬람 시아파 종교지도자들(Ayatollahs)이 매춘부를 코란(이슬람 경전)과 화해시킨 방법과 비슷했다. 시아파 종교 지도자들은 그들의 경전에서 임시적 결혼을 허락한다고 판결했다. 그러므로 "순결의 집"을 방문하는 남자들은 돈을 받고 제공하는 성적 행위를 위하여 거기에 간 것이 아니고 임시적 결혼을 위한 것이라고 판단했다. 그의 자산과 그의 기부금에 따라, 그는 순결한 여자와 10분 내지 한 시간 동안 결혼하고, 이것이 끝나면 그 여자에게 선물을 준 것일 뿐, 그 뒤에 그는 이혼 남자로 그곳을 떠난다. 하루 열 번 혹은 그 이상의 이런 임시 결혼으로 이 순결한 여자는 진실로 건전한 삶을 살아갈 수 있게 된 것이다.

거의 비슷한 가정으로 마르크스를 코펜하겐 제단에 비유해 보자. 그렇게 하였을 때, 한 가지 놀라운 사실은 마르크스의 순결의 집에서 자신이 하고자 했던 일을 한 시아파 종교 지도자였던 사람이 바로 20세기 소련의 최고 이론 물리학자들 중의 한 사람인 포크(V. A. Fock)였다는 것이다.

1950년도에 포크는 근대 물리학의 철학적 문제를 다루는 소련 책자에 기사를 쓴 적이 있다. 그 기사에서 그는 코펜하겐 해석의 최초 제안자였던 하이젠베르크와 보어, 이 두 사람을 만났었던 학회의 기억을 기술하였다. 그는 그들에게 그들의 해석이 변증법적 유물론을 부정하는지 단도직입적으로 물었고, 그 두 사람은 그들이 아는 바로는 아무런 양자역학과 유물론은 모순이 없다고 그를 안심시켰다. 포크는 그것을 제안한 자들이 코펜하겐에서의 해석이 마르크스 레닌주의(Marxism-Leninism)의 교리를 부정하지 않는다고 공개적으로 인정했으므로, 소련이 이 현대 물리의 기본 이론을 이단이라고 버릴 필요는 없다고 주장했다. 그리고는 그는 소련을 위해 양자역학을 단번에 복원시켰다. 참으로 재치 있는 행동이 아닌가!

나는 루마니아 학생 시절 때 포크의 글을 읽은 적이 있는데, 그

때 이 사람의 대담함에 정말 놀랐다. 그 당시 내가 들은 양자역학 수업에서 교수는 불확정성 원리(입자의 위치를 더 정확하게 결정할수록 그것의 운동량은 더 불확실해진다는 원리)는 "미국 제국주의 지도자들의 명령에 따라서" 하이젠베르크가 만든 틀린 이론이라는 말로 얼버무렸을 때 나는 정말 깜짝 놀랐다. 그는 자신의 말이 사실이 아니라는 암시로 눈을 깜박거렸고, 그 당시에는 나도 비슷한 명령을 받아 그러한 원리를 발견했으면 하고 바랐던 것을 기억한다. 포크는 스탈린이 만약 하이젠베르크를 지지했던 미국 제국주의 지도자들만큼만 머리가 좋았더라면 마르크스나 레닌 역시 반대하지 않았을 비슷한 명령을 했을 것이라는 대담한 생각을 했던 것이다.

1979년 예루살렘에서 있었던 아인슈타인 100주념 기념 회의(Einstein Centennial Conference)에서 유명한 MIT 과학 역사학자 로렌 그래엄(Loren Graham)은 이미 고인이 된 포크에 관한 강의를 했다. 그 강의는 매우 흥미롭고 잘 준비됐던 강의였으나, 포크의 놀라운 논문에 관한 언급이 없었다. 만찬회에서 나는 그래엄에게 그의 논문에 관해 알고 있는지, 만약 알고 있다면 왜 언급하지 않았는지 물었다. 그는 나에게 먼저 그것에 관해 알고 있는 것을 이야기 해 달라고 했다. 나는 내가 여기에 쓴 것들을 이야기했다. 그는 미소를 짓고 나를 쳐다 보더니 "내가 짐작하건데 당신이 포크를 잘 모르는 것 같은데, 맞습니까?"라고 물었다. 나는 포크를 1968년에 트리에스테에서 딱 한 번 만났었고, 우리는 몇 마디를 나누었을 뿐이기 때문에 나는 내가 포크를 모른다고 하는 것이 거의 맞을 것이라고 말했다. 내가 가장 잘 기억하고 있었던 것은 그가 착용하고 있었던 정교한 소련제 보청기였다. 그는 이 보청기를 주변의 대화 중간에 그가 관심있어 하는 것에 따라 계속 조정했다. 포크는 제 1차 세계 대전 중에 포병대에서 근무한 탄도 전문가였고, 그러다보니 실제로 청력이 많이 손상되었다.

여기서 로렌 그래엄은 그 논문에 대한 여러 가지 말을 들었는데, 말하는 사람이 얼마나 포크와 가까웠는지에 따라 하는 말들은 서로 달랐다고 했다. 나같이 포크를 잘 알지 못하는 사람은 당연히 그 논문이 위험을 무릅쓰고 쓴 대담한 글이라고 보았다. 왜냐하면 포크가 그 글을 썼을 때 이미 스탈린이 없어진 뒤였지만 그의 후계자인 흐루쇼프(Khrushchev)가 이념적 문제에 대해서 스탈린보다 더 너그럽지는 않았기 때문이다. 그리고 나같은 사람들은 포크를 과학의 이익을 위하여 큰 위험을 감수한 영웅으로 보았었다. 그러나 그의 조수와 같은 그와 가까운 지냈던 사람들은 완전히 다른 이야기를 했다. 그들에 의하면 포크는 마르크스 레닌주의의 진정한 신봉자이었으며, 동시에 훌륭한 물리학자였다고 했다. 물리학과 마르크스 레닌주의야 말로 그의 생에 있어서의 두 개의 큰 애호물이었다. 이 두 개의 애호물들이 서로를 부정하는 것은 그에게 끝없는 혼란이었으리라. 그래서 그가 코펜하겐에 갔을 때 그는 이 기회를 이용해 이 혼란을 끝맺기로 결심했다. 그는 마르크스 레닌주의의 타당성과 궁극적 필연성에 대해 그들을 설득시킬 목적으로 보어와 하이젠베르크에게 접근했다. 마치 그는 자신의 종교를 위해 선교사의 역할을 하고 있었던 것이다. 그는 그들을 성공적으로 설득시켰다고 확신했고, 이 성과를 그의 모든 훌륭한 물리학의 업적보다 더 자랑스럽게 여겼다. 마침내 두 코펜하겐의 거물들을 양자역학과 유물론과 아무 모순이 없다고 인정하게 함으로써, 유물론의 신자로 만들었다고 생각한 포크는 자신의 두 가지 중요한 애호물들 사이에 평화가 왔다고 믿고 아무런 죄의식 없이 양자역학 연구를 계속할 수 있었다.

하이젠베르크는 그의 자서전에서 이런 포크와의 만남을 전쟁 후 그가 보어와 화해하려고 했을 때, 화해를 방해한 하나의 귀찮은 걸림돌이었다고 묘사했다. 생각해보면 모든 것이 너무나 얄궂다. 하이젠베르크는 보어와 화해하려고 했었는데, 이 소련 사람이 그의 마르크스와 레닌을 들먹이며 방해했다. 그가 한 것은 소련 대학에서 공산주의의 예언자들의 성스러운 가르침에 완전히 복종하면서 양자역학을 가르칠 수 있게 한 것뿐이었지만 포크는 실제로 코펜하겐에서의 해석과 마르크스 레닌주의가 화해를 했다고 믿었던 것이다.

제 14 장

사하로프(Sakharov)가 키예프에 가다

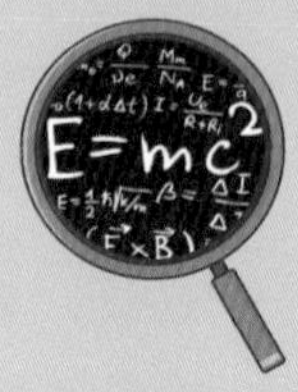

a passion for
discovery

제 14 장. 사하로프(Sakharov)가 키예프에 가다

1970년에 이 년에 한번 열리는 로체스터 학회라고 불리는 중요한 고에너지 물리학 회의가 키예프에서 열렸다. 나는 미국 대표단의 한 사람으로, 우크라이나 호텔에 도착하자마자, 학술원의 회원인 야코브 젤도비치(Yakov Borisovich Zeldovich)에 의해 그의 응접실이 있는 방으로 초대받았다. 그는 내가 한 어떤 연구에 대해 알고 싶어했다. 우리는 응접실 탁자에 앉았고, 나는 그에게 종이 위에 그의 소련 볼펜으로 수식을 쓰며 연구 결과를 이야기하기 시작했다. 그 다음 그는 내 손에서 그 볼펜을 가져가 그의 수식을 쓰며 질문을 했다. 얼마 후에 우리는 화제를 바꾸었고, 그는 나에게 그의 친구 안드레이 사하로프(Andrei Sakharov)가 다루었던 "유도 전기역학(induced electrodynamics)"이라고 부르는 연구에 관해 말하기 시작했다.

나는 질문을 하고 싶었으나, 이 정열적이고 집중적인 사람은 자신의 논리에 도취되어서 잠시도 쉬지 않고 이야기했다. 그는 번갈아가며 사용하던 볼펜을 나에게 주지 않음으로써 내 질문을 막고 있었다. 이때 나는 시카고 대학 책방에서 미국돈 30불을 주고 산 나의 밤색 만년필을 끄집어냈다. 갑자기 젤도비치는 말을 멈추고 나의 손에서 조심스럽게 만년필을 가져갔다. 그리고는 "파커 만년필!"이라고 놀란 소리로 외쳤다.

나는 "아니, 쉐퍼 만년필이다"라고 대답했다.

"쉐-퍼"라고 소리치며 그는 더 놀란 목소리로 외쳤다.

그는 내 만년필을 한 번 써볼 수 있느냐고 물었다. 사실 미국에서는 다른 사람에게 자기 만년필을 쓰도록 허락하는 것은 자기 아내를 다른 남자에게 빌려주는 것과 같았다. 그럼에도 불구하고 그가 너무 흥분해 있어서 나는 그의 요청을 거절할 수가 없었다. 이것으로 토론은 끝났고, 나의 만년필은 불순해졌다. 그래서 나는 그것을 선물로 그에게 주는 것이 좋겠다고 생각했다. 그래서 나는 "젤도비치, 너는 내 팬을 많이 좋아하는 것 같은데, 내 만년필을 선물로 받아 달라. 마침 한 통의 잉크 카트리지도 내 방에 있으니 그것은 나중에 주겠다."라고 말했다.

이것에 젤도비치는 심한 동요를 보이면서 급히 일어나 벽 쪽으로 걸어갔다. 나에게 등을 돌리고 벽을 향하여 그는 천천히 크고 무거운 어투의 영어로 "프로인트 교수, 내게 이 아름다운 선물을 주니 대단히 고맙소. 그러나 나는 받을 수 없소. 나는 이 쉐퍼 만년필을 당신께 돌려주겠소."라고 말했다. 그리고는 돌아서서 나에게 펜을 돌려주었다. 우리는 둘 다 이 말이 미국 사람으로부터 선물을 받았다는 비난이나 고발로부터 죄가 없다는 것을 분명히 하기 위하여 벽 속에 있는 도청기에게 한 말이었다는 것을 알고 있었다. 그리고는 그는 나를 작은 발코니로 초대했으며, 길을 쳐다보며 나에게 사하로프(Sakharov)는 키예프에 올 예정이고, 유도 중력(induced gravity)에 관해 일정에 없었던 강의를 할 것이라고 작은 소리로 말해 주었다. 그는 정확한 장소와 시간은 나중에 알려주겠다고 했다.

만약 이 모든 것이 비현실적으로 들린다면 우리는 브레즈네프가 통치하는 소련에 있었다는 사실을 기억할 필요가 있다. 그리고 내가 모르는 사이에 젤도비치는 이미 사하로프와 함께 소련 수소폭탄의 아버지가 되어 있었다. 모든 점에서 젤도비치는 대단히 폭넓은 물리학자였다. 그는 나중에 파인만과 겔만에 의해 재발견된 약한 상호작용이론(theory of weak interactions)에 중요한 공헌을 했다. 또 그는 오늘날까지도 주목의 대상이 되고 있는 근대 우주론의 중요한 공헌자 중의 한 사람이다.

그가 위대한 소련 물리학자이며 폭넓은 과학자 레프 란다우(Lev Davidovich Landau)의 학생이었기 때문에 이 사실은 놀라울 것이 없었다. 사실로 란다우 학파는 소련 과학의 제일 위대한 사건 중의 하나이다.

란다우는 신랄한 재치로 잘 알려져 있는 사람이었다. 단기 기억력을 크게 손상시키고 그의 빛나는 과학 생애를 종결지었던 1962년 자동차 사고 얼마 후에 한 공동 연구자가 그를 방문하고 공손하게 물었다.

"오늘 아침은 어떻습니까?"

"예전같이 좋지는 않소, 그러나 젤도비치보다는 낫소."라고 란다우는 대답했다. 나는 이 명언을 젤도비치를 키예프에서 만나기 전에 들었지만 그는 나에게는 여전히 매우 인상적이었다.

사하로프가 강연할 때가 되었다. 그것은 대단히 이상한 행사였다. 강의는 공식적으로 발표된 것이 아니었다. 아직 내부적으로 추방되지는 않았지만 서구 사회에 널리 배부된 공산주의와 자본주의의 통합에 관한 그의 글 때문에 사하로프는 이미 기피인물이 되어 있었다. 그는 문화적 · 기술적 압력 하에서 공산주의와 자본주의 체제는 살아남기 위하여 점차적으로 비슷해질 것이고, 결국에는 근본적으로 동일해지게 되어 서로 화해할 것이라고 주장했다. 이것은 아직도 소련 신조의 일부인 스탈린의 공산주의의 필연성과 흐루쇼프의 "우리는 자본주의를 매장할 것이다"라는 말과는 거리가 먼 것이었다.

사하로프는 키예프에 과학자로서 왔고, 그의 강의는 공산주의와 자본주의의 통합이 아닌 순수한 과학적인 것이었다. 내가 강의 장소에 도착했을 때, 학회 이름표를 달지 않은, 같은 복장과 비슷한 외모에 같은 헤어스타일을 한, 사람들이 모든 좌석을 차지하고 있었다. 학회 이름표를 달지 않은 사람은 건물 안에 들어갈 수조차 없으므로 분명히 그들은 물리학자들이 아니었다. 나같은 이론 물리학자가 아니라도 이들이 모두 KGB였다는 것은 누구나 추측할 수 있었을 것이다. 거기에는 단지 몇 명의 외국 사람들, 젤도비치가 초청한 압두스 살람(Abdus Salam), 발렌타인 텔레그디(Valentine Telegdi), 모리스 골드하버(Maurice Goldhaber) 등 몇 사람이 더 있었다.

의심할 여지없이 사하로프는 그의 이론을 외국 사람들에게 발표하길 원했었다. 그렇다면 그가 영어로 발표하는 것이 이치에 맞았다. 나는 그가 얼마나 영어를 유창하게 하는지는 몰랐다. 어쨌든 결국 그는 소련 말로 강의하기로 결정했고 젤도비치가 영어로 그의 말을 번역했다. 이것은 KGB 요원들이 사하로프가 말한 것에 대해서 나쁜 공상에 빠지지 않고 그가 한 말들을 정확하게

적을 수 있게 하기 위한 것으로 생각되었다. 문제는 젤도비치같이 열정적이고 쉽게 흥분하는 통역자의 말을 이해하기가 어려웠다는 점이다.

사하로프의 첫 두 문장은 조심스럽게 영어로 표현되었다. 그리고는 사하로프가 2분 말하면 젤도비치는 번역하는데 4분이 걸렸다. 시간이 지나면서 사하로프가 말한 것과 젤도비치의 통역의 차이는 점점 커져갔다.

내가 러시아 말을 알기에, 사하로프가 중력에 관해 말하고 있었을 때 그의 통역자가 "단순화를 위해" 전자기학을 말하고 있는 것을 알아챘다. 실제로 젤도비치는 그의 방에서 내게 설명했던 자신의 연구에 대한 강의를 하고 있었던 것이다. 사하로프가 아무 수식을 이야기하지도 않았는데 젤도비치는 갑자기 칠판에 수식을 썼다. 사하로프의 얼굴에 미소가 나타났고, 친구의 통역이 그가 말하려고 하는 것이 아니라는 그의 의견을 띄엄띄엄 서투른 영어로 말하기 위하여 통역을 잠시 중단시켰다. 젤도비치는 자신의 강의에 너무나 몰두해 있었기 때문에 중단하지 않고 계속했다. 이것은 믿기 어려운 흥미로운 장면이었다.

강의 후에 우리는 사하로프를 만났다. 그는 톨스토이에서 나오는 귀족풍의 사람이었으나 꾸겨진 옷을 입고 있었다. 우리는 뜻있는 눈짓을 교환하긴 했으나, 정치적으로 의심당할 말은 하지 않았다. 이것을 막기 위해 젊은 남자들(KGB)이 관중석에 있었던 것이다.

제 15 장

양(Mr. Yang)도 키예프로 가다

a passion for discovery

제 15 장. 양(Mr. Yang)도 키예프로 가다

키예프 학회로 가는 길에 아내와 나는 모스크바에 들렀다. 볼쇼이 극장에서 림스키 코르사코프(Rimsky-Korsakov)의 "황제의 신부" 공연 휴식 시간 중에 우리는 로비에서 프랭크 양(Frank Yang)을 우연히 만났다. 프랭크, 나의 아내와 나, 그리고 분명히 소련 사람으로 보이는 눈썹이 진한 한 젊은이가 함께 모이게 되었다. 프랭크가 그 소련 사람을 우리에게 소개시켜 주지 않아 좀 불편했는데, 그 젊은이는 우리 대화를 열심히 듣다가 한 십분 후에 갑자기 아무 말 없이 떠나 버렸다. 젊은이가 떠나자 프랭크는 우리에게 왜 젊은이를 소개시켜 주지 않았느냐고 물었다. 우리는 그 사람을 모르며, 처음부터 그와 함께 온 사람이라고 생각하고 있었다고 설명했다.

그 순간 우리는 이해했다. 머리 숱이 많고 긴 머리를 하고 있는 미국 부부와 중국 사람이 오페라에서 만난 것이다. 이 세 사람이 무슨 짓을 꾸미고 있는지 누가 알겠는가? 그것은 소련 국가 보안 기관이 개입할 적절한 시기였던 것이며, 주의 깊은 기관원이 문제될 상황이 없다고 판단했을 때 순순히 떠난 것이다. 이것이 바로 무산계급의 독재 정권이었다. 어쨌든 간에 우리는 함께 관광하기로 결정했다. 나는 평생 처음으로 성 바실리 성당의 화려하고 열정적인 건물이 시야에 들어오는 붉은 광장을 구경했다. 사진에 조예가 깊은 프랭크는 사진 찍을 준비를 하면서 "얼마나 서민적인가, 너무나 서민적이야."라고 중얼거렸다. 그것은 성 바실리 성당에 대한 프랭크의 본능적인 반응이었다고 나는 생각한다.

모스크바에서 프랭크는 여러가지 어려움을 겪었다. 그는 말 그대로 당국에 의하여 괴로움을 당하였다. 그들은 그의 여권을 잃어버렸고, 억지를 부리며 다른 여러 가지 일들을 꼬이게 했다. 그는 모스크바 대학에 노벨상을 받은 사하로프의 지도자 이고리 탐(Igor Tamm)을 방문하러 갔었다. 프랭크가 로비에 들어서자 청소부가 그에게 다가와서 그녀의 빗자루로 프랭크를 건물 밖으로 쫓아냈다. 소련은 몇 년 전에 중국과 관계를 끊었는데, 1970년대에는 반(反)중국으로 노선을 전환했으며 소련 정부는 중국에 대한 증오를 노골적으로 장려했다. 중국에 대한 증오가 세계적인 것이라는 잘못된 확신으로 키예프 학회 조직자들은 모든 참석자들을 영화관에 불러놓고 길고 노골적인 반(反)중국 활동사진을 보여 주는 것으로 학회 연회를 시작했다. 영화에서 검게 땋은 머리와 눈꼬리가 치켜 올라간, 악의에 찬 것 같이 보이는 중국 사람들이 평화롭고 인내심 많은 소련 사람들의 땅을 침입했다. 그러자 마음씨 좋은 소련 친구들이 이를 더 이상 내버려둘 수 없다고 판단했을 때 중국 사람들을 쫓아냈다. 나는 평소와는 달리 화나고 격분한 프랭크가 연회장을 뛰쳐나가는 것을 본 것이 기억난다.

이론 물리학에서 양의 역할은 과장해서 말해도 지나치지 않을 정도로 엄청난 것이었다. 그는 강한 상호작용과 전자기 약작용을 기술하는 일종의 장이론을 발견했다. 이 이론들은 비(非)아벨 게이지 이론들(non-Abelian gauge theories) 혹은 양-밀스(Yang-

Mills) 이론들로 알려져 있다. 자연 법칙의 좌우대칭성에 대한 리(T. D. Lee)와의 그의 발견은 자연에 대한 우리의 이해에 큰 혁명을 가져왔으며, 그들은 그 업적으로 공동 노벨상을 받았다. 이 일은 리, 양, 오흐메(Oehme), 살람(Salam), 란다우(Landau) 등이 또 다른 많은 발견들을 할 수 있는 기초를 마련했다. 또한 양은 리와 함께 통계 물리학과 수리물리학의 아름다운 몇몇 주제에 대해서도 아주 큰 공헌을 했다.

양과 리의 협력은 특별히 주목할 만하다. 그들은 이미 중국에서 만난 적이 있었고, 시카고 대학 대학원에서 다시 만났으며 가까운 사이였다. 그들은 서로를 놀라울 정도로 잘 보완해 주었으며, 서로 떨어지는 것이 힘들어 보였다. 그러다 결국 사건을 터뜨렸다. 꽤나 성공적인 이 협력을 망친 지푸라기는 1962년 뉴요커(New Yorker)에 번스틴(Jeremy Bernstein)이 쓴 리와 양에 대해 쓴 인물평이었다고 알려져 있다. 이 기사의 문제는 양과 리의 이름을 배열할 때 필요한 순서가 중국에서 중시 여기는 나이 순서가 아닌 그들의 영어 이름 알파벳 순서로 그들의 순서를 정했다는 것이다. 이 잘못이 그들을 멀어지게 하는데 관련이 있다고 해도, 단순히 알파벳 순서를 바꾸는 것이 문제를 해결할 수 있었을 것이라고 믿는 것은 너무나 순진한 사고이다. 과학에서 공동 연구는 결혼과 비슷하다. 그들의 이별은 이혼과 다름이 없고 아주 예외적인 경우를 제외하고는 씁씁함을 피하기 어렵다.

첫째로 무엇이 공동 연구의 동기가 되는가? 물론 한 사람이 할 수 없는 실험들이 있다. 그런 경우 공동 연구는 필수적이다. 여러 기관에 속하는 몇 백 명의 물리학자들이 참여하는 몇 억 달러 예산의 큰 규모의 고에너지 물리학 실험을 생각해 보자. 어떤 공동 연구자들은 서로 만나지도 않는다. 한번 그런 공동 연구 참여자의 발표를 들었는데, 첫 슬라이드에 "553±1"명의 물리학자들이 그 실험을 했다고 적혀있었다. 그리고 발표자는 두 명의 최초 참가자들로부터 오랫동안 소식을 듣지 못했는데 아직도 그들이 실험에 참가하고 있는지를 확인할 수 있는 사람이 없다고 했다. 어느 시인의 말을 빌리면, 세상은 그들의 자취를 잊어버린 것이다.

내가 말하는 공동 연구는 그런 것이 아니다. 그것보다 나는 두 과학자들이 같이 연구하는 가장 단순한 경우를 말하고 있는 것이다. 무엇이 그들에게 동기를 주었을까? 두 사람 중 한 사람이 그 연구를 혼자서 잘해낼 수 없었기 때문일까? 그럴 가능성은 많지 않다. 그러면 무엇이 그들을 같이 연구하게 하였는가? 나는 이것이 결혼과 유사하다고 생각한다. 두 사람이 인생의 아름다움에 빠져있다. 그들은 결합하여 아이를 낳았고 지구 위에 생명을 번식시켰다. 물론 이것은 복제로 가능한 것을 제외하고는 어느 한 사람이 혼자서 할 수 있는 것이 아니다. 그럼에도 둘 중 한 사람이 지구의 어떤 오지에 가서 불쌍한 아이들을 돌볼 수 있고 인류에 대단한 봉사를 제공할 수 있다. 그러나 이기적으로 그들은 자기 자신들의 아이를 창조하기로 선택했다. 그리고 엄마와 아버지가 된다. 아내 쪽에서의 어떤 부도덕한 행위가 없으면 남편은 이 아이에 대해 같은 권한을 소유한다.

이제 두 물리학자 A와 B를 보자. 둘 다 물리학의 아름다움에 빠져있고 이 학문이 발전하길 원한다. A와 B는 협력했고, 그들의 연구력을 합동해서 어떤 새로운 일을 창조했다. 그들의 논문들이 바로 그들의 아이들이다. 그들은 이 논문에 대해 같은 권한을 소유하는가? 그들의 이름을 알파벳 순서로 쓰는 것은 그들이 같은 권한을 소유한다는 것을 암시한다. 그러나 마음 속 깊이 B는 칠판에 모든 것의 핵심인 마지막 수식을 쓴 사람은 자신이었다고 생각한다. 물론 A도 그것을 알고 있다. 그러나 B가 마지막 수식을 쓰게 한 것은 바로 일주일 전 자기가 B에게 말했던 작은 아이디어에서 출발했다고 생각한다. 공동 연구에서 과학적 발견은 그런 눈에 보이지 않는 것으로 가득 차 있다. 공동 연구에 들어가면 암암리에 서로 같은 권한을 다른 쪽에 주게 된다.

그럼에도 시간이 가면서 그런 "마음속 깊이" 느껴지는 작은 감정들이 축적되면 깊은 원한이 쌓인다. 그럴 때, 바로 조그만 지푸라기 하나가 그 협력을 파멸시킨다. 모든 것이 공동 연구자들의 성격, 자신과 서로에 대한 견해, 공정성에 대한 그들의 이해, 학계에서 그들을 어떻게 보는가에 대한 여러 가지 요인에 따라 결정된다. 결혼과 같이 공동연구가 과학의 아름다움에 대한 이상주의적 사랑이라는 주장은 지나치게 순진한 생각일 것이다.

나와 같은 제 삼자가 보기에게도 양과 리의 성격은 너무나 다르다. 양은 아주 정확하고 쉽게 감정적으로 폭발하지 않으며 내성적 섬세한 미소를 통해 의사를 전달하는 세련된 귀족 스타일이다. 반면에 리는 호탕한 웃음과 농담을 즐기고, 에너지로 차 있는 저돌적인 특성을 가진 사람이다. 그들은 약 십년 동안 같이 일했지만 끝 무렵에는 이 두 사람 모두 마음 속 깊은 곳에 상대방으로부터 받은 여러 가지 상처들로 차있었다는 것을 상상할 수 있다. 그렇다면 어떤 면에서 보면 내가 더 궁금한 것은 이 찬란한 공동 연구가 왜 파멸로 끝났느냐보다 어떻게 이토록 다른 성격을 가진 두 사람이 서로 협조하게 되었느냐이다. 어쨌든 그들이 협조했기 때문에 물리학이 보다 많이 발전하게 된 것은 사실이다.

나는 이 파경이 어떻게 일어났는지를 수학자 앙드레 베유(Andre Weil)로부터 가장 직접적으로 들을 수 있었다. 그는 그것을 한편의 도덕극이라고 표현했다. 1950년도 말에 이색 구공간(exotic spheres)의 발견으로 수학분야에서 노벨상과 동등한 지위를 지니고 있는 필즈상(Fields Medal)을 받은 존 밀너(John Milnor)는 당시에 프린스턴 대학 교수였으나, 베유(Weil)에게 프린스턴에 있는 고등학술연구회(Institute of Advanced Study)로 옮기고 싶다는 말을 했다. 베유는 즉시 연구회에 이 내용을 전달했고, 이것을 들은 고등학술연구회의 로버트 오펜하이머(J. Robert Oppenheimer) 소장은 서로의 교수들을 빼앗지 않기로 한 프린스턴 연구소들의 신사적 약속을 생각하며 분노했다. 베유는 정치적으로 오피가(과학계에서는 오펜하이머를 오피로 불렀다) 물리학자들의 독재에 목적을 가지고 있다고 보고, 밀너의 교수직 임명을 밀어붙혔다. 오피는 그 문제가 교수 회의에 거론되는 것조차 원치 않았다. 그래서 그는 연구소에 있던 양과 리를 찾아가 베유로 하여금 밀너의 이직 문제를 중지하게끔 설득하라고 했다. 그들은 베유의 사무실에 가서 양이 말을 하고 리가 재차 강조하는 식으로 베유을 설득시키려 했다. 그들은 밀너가 오고 싶어 한다는 것에 동의했으나 프린스턴 과학계의 평화를 위해 그만두어야 된다고 주장했다. 결국 양은 철학적으로 고집스럽게 반대하는 베유에게, "알다시피 나는 천 년의 지혜를 가진 오래된 동양사회에서 왔다. 네가 해야 할 올바른 처사는 그 문제를 중지하는 것이라고 나는 믿는다."고 이야기 했다.

프랑스인 베유가 양에게 대답하기를 "너와는 달리 나는 상대적으로 새로운 사회에서 왔으며 나는 이 문제를 끝까지 추진하는 것이 지당한 처사라고 확신한다."고 답했다. 결국 그 의제는 교수회의에 상정되었고 첫 회의에서는 정확하게 오피가 제시한 이유들 때문에 통과되지 않았다. 그러나 그 문제는 다시 상정되었고 밀너는 연구회로 옮겨오게 되었다.

1962년 베유는 그가 항상 하던 대로 프랑스에서 여름을 보냈다. 그가 가을에 돌아왔을 때, 옆 사무실에 있는 다른 수학자가 베유에게 말하기를 "너는 큰 사건을 놓쳤어. 네가 없었을 때 리와 양이 대판 싸웠단 말이야"라고 했다.

"무슨 일이 일어났었어?" 베유가 물었다.

"어느 날 오후에 리가 양의 사무실에 와 큰 소리로 다투기 시작하더니, 나중에는 서로 고함치며 싸웠단 말이야. 그들은 몇 시간 동안이나 싸움을 계속했어. 나는 중국말을 모르기 때문에 그들이 무슨 말을 하는지 이해할 수 없었지만. 끝에는 리가 양의 사무실 문을 박차고 나와 거칠게 문을 닫고 프린스턴을 떠났지. 그리고 그는 바로 콜롬비아로 옮겼어."

나는 진한 프랑스 악센트로 "천 년의 지혜가 그 정도였다니"라고 한 베유의 마지막 논평을 기억한다.

제 16 장

스톤(Stone)의 시대와 페르미(Fermi)의 시대

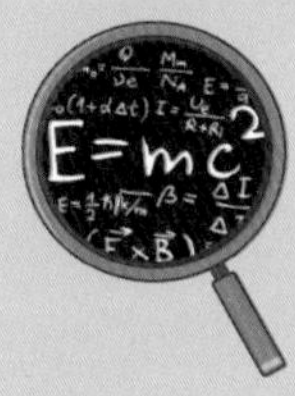

a passion for discovery

제 16 장. 스톤(Stone)의 시대와 페르미(Fermi)의 시대

리와 양이 시카고 대학 학생이었을 때 앙드레 베유(Andre Weil)는 시카고 대학의 교수였다. 강의 제목을 강의하고자 하는 주제, 즉 정수론, 미분 기하학, 위상수학 등을 따라 붙이는 그의 동료들과는 달리 베유은 무엇이든 그때에 그가 관심이 있는 것을 강의했고, 그의 강의 제목은 항상 "수학"이었다. 그는 시카고 대학에서 단지 11년을 머물렀으나, 거기서 그는 그의 가장 유명하고 영향력 있는 근대 정수론의 기본인 베유의 예측을 그곳에서 했다. 그는 20세기 수학계의 거물 중의 한 사람이었다. 대수기하학과 정수론에 혁명을 일으켰고, 기하학에서도 훌륭한 업적을 달성했다. 유명한 기하학자 천싱선(S. S. Chern)과 함께 그는 물리학의 게이지 이론에 중요한 영향을 미치는 연구도 했다. 그는 이 결과가 물리학과 깊은 관련성이 있다는 것을 일찍부터 깨달았다. 양은 학생 시절에 페르미와 Hutchison Common에서 점심을 먹고 있었는데, 그때 베유가 우연히 들려서 페르미게 이 결과들을 이야기하고 이것들이 물리학과 관련성이 있다고 확신한다고 말했던 사실을 나에게 이야기 했다. 그러나 페르미는 베유가 떠난 후 "저 친구 정신 이상 아니야?"하는 것처럼 그의 어깨를 으쓱했다고 했다. 분명히 베유가 시대보다 멀리 앞서 있었다는 것을 보여준다.

그때는 시카고 대학 역사상 아주 주목할 만한 시대였다. 엔리코 페르미(Enrico Fermi), 양자 화학의 개발자 로버트 밀리컨(Robert Millikan), 에드워드 텔러(Edward Teller), 그레고르 벤첼(George Wentzel), 수브라마니안 찬드라세카르(Subramanyan Chandrasekhar)가 물리학과에 있었고 통계 물리학자 조셉 메이어(Joe Mayer), 탄소 연령 측정 방법의 발명가 윌라드 리비(Willard Libby)와 중수소의 발견가 헤럴드 유리(Harold Urey) 등이 화학과에 있었다. 조의 부인 마리아 괴퍼트 메이어(Maria Goeppert Mayer)는 부부 교수에 대한 엄격한 반대규정 때문에 교수직이 아닌 과학 연구소(Research Institute)의 연구원으로 있었다. 그러나 후에 그녀는 시카고 대학에서 개발한 핵 껍질 모형(shell model)으로 노벨상을 받았다. 당연히 그녀에 대한 차별대우는 자주 여권신장 반대의 대표적 사례로 내세워졌다. 젊은 물리학 교수들은 겔만(Gell-Mann) 과 발렌타인 텔그리디(Valentine Telegdi)와 같은 개구쟁이들이 있었다. 수학과에는 앙드레 베유와 천싱선, 그리고 범주론(category theory)의 아버지 손더스 맥클레인(Saunders MacLane), 푸리에 분석(Fourier analysis)의 대가 Antoni Zygmund가 있었다. 이들 환상의 팀을 시카고 대학으로 데려온 대법원 판사의 아들 학과장 마샬 스톤(Marshall Stone)의 이름을 따라서 그 당시의 시카고 대학을 전설적인 "Stone"의 시대라고 불렀다.

베유가 시카고 대학에 온 직후에 그는 전문가들을 위한 강의를 해달라는 요청을 받았다. 스톤이 첫 줄에 앉아있는데, 베유는 강의를 시작하면서 이런 말을 했다.

"이 세상에는 세 종류의 학과장이 있다. 나쁜 학과장은 자기보다 못한 교수를 채용하고 그래서 학과를 점차적으로 퇴보시킨다. 좀 좋은 학과장은 자기와 비슷한 교수에 만족하며 학과의 질을 보존한다. 마지막으로 좋은 학과장은 자기보다 나은 교수만 채용하며 과를 계속적으로 발전시킨다. 나는 아주 좋은 학과장을 가진 시카고 대학에 오게 된 것을 대단히 기쁘게 생각한다."

스톤은 화를 내지 않고 웃어 넘겼다.

베유는 시카고 대학에 있는 동안 그의 프랑스 동료들과 만든 영향력 있는 브루바키 단체(Bourbaki group)에 깊이 관여했다. 이 단체는 모든 분야의 수학을 포함하는 종합 현대 논문집을 쓰는 엄청난 일을 시작했다. 단합을 전제로 그들은 각 권 저자의 이름을 밝히는 대신 여러 권의 책을 가공 저자의 이름으로 출판하기로 결정했다. 그들은 이 가공 저자의 이름을 잘 알려지지 않은 19세기 프랑스의 샤를 드니 소테르 부르바키 장군(Charles Denis Sauter Bourbaki)의 이름을 따 니콜라스 부르바키(Nicholas Bourbaki)로 결정했다. 아프리카와 크림 반도 전쟁에서 이름을 날린 부르바키 장군은 프로이센-프랑스 전쟁 중 벨포트의 포위를 뚫으라는 명령을 받았다. 많은 군사와 장비에도 불구하고 그는는 전쟁에서 패했다. 부끄러움에 그는 총을 머리에 쏘았으나 빗나갔다. 아무튼 이 부르바키 논문집은 전쟁 후 수학계에 자리를 잡았으며, 실제 저자의 이름들은 공식적으로는 알려지지 않았지만 몇몇 책들은 오늘날까지도 넓게 사용되고 있다.

대부분 부르바키 단체의 창립자들은 시카고나 프랑스 낭시에 있었으므로 그들은 가공의 수학자 니콜라스 부르바키를 가공의 낭카고 대학(University of Nancago)의 총장으로 임명하고 그를 역시 가공의 학회(Poldavian Academy)의 회원으로 선출하였다.

부르바키가 시카고 대학 수학과에 자리잡고 있는 동안 물리학과에는 이론과 실험, 그리고 응용 물리학 세 분야 모두에서 중요하고 획기적인 업적을 낸 20세기의 물리학자 엔리코 페르미(Enrico Fermi)가 절대적 권위를 장악했다. 그는 전설적인 교수였으며 그의 강의 노트는 지금도 유명하다.

그의 존재는 최고의 교수들뿐만 아니라 많은 대학원생들을 끌어들였다. 이런 현상은 하이젠베르크, 파울리, 베테(Bethe), 벤첼(Wentzel)과 여러 학생들이 뮌헨에서 아르놀트 조머펠트(Arnold Sommerfeld) 밑에서 공부한 이후에 처음이었다. 이론 분야 학생들은 리정다오(T. D. Lee), 프랭크 양, 제프리 츄(Geoffery Chew), 마빈 골드버거(Murph Goldberger), 링컨 울펀스타인(Lincoln Wolfenstein), 샘 트라이먼(Sam Treiman), 그리고 괴벨(Charlei Goebel)을 포함했다. 실험 분야 학생들은 딕 가윈(Dick Garwin), 잭 스타인버거(Jack Steinberger), 짐 크로닌(Jim Cronin), 제리 프리드먼(Jerry Friedman), 오언 체임벌린(Owen Chamberlain)을 포함했다. 이 학생들은 모두 성공적인 연구를 계속했으며 여섯 사람이 노벨상을 받았다. 의심할 여지없이 시카고는 물리학계의 중심이었다.

한때 여키스 천문대(Wisconsin Yerkes) 근처에 살고 있었던 수브라마니안 찬드라세카르(Subramanyan Chandrasekhar)는 단지 몇몇 학생들만 등록한 과목을 강의하게 되었다. 몇 번의 수업 후 겨우 두 명의 학생만 남았다. 고속도로가 생기기 전에는 대학까지 차를 운전해 온다는 것은 쉬운 일이 아니어서 물리학 과장은 찬드라에게 두 명의 학생을 위해서 그런 불편을 감수할 필요가 없으니 만약 그가 원한다면 학과에서 그 과목을 취소하겠다고 제안했다. 그러나 찬드라는 이 두 학생들 모두 정말 탁월하다는 것을 알았고, 그 학생들을 가르치는 것을 즐겼다. 그래서 그는 강의를 계속하기로 결정했다. 그 두 학생들이 바로 리와 양이었고 이 과목은 시카고 뿐만 아니라 세계 어느 곳에서도 반 전체가(학생들과 교수 모두가) 노벨상을 받은 유일한 과목이 되었다.

그때는 엄청난 발견의 시기였다. 시카고에 있었던 짧은 기간 동안 겔만은 "이상한 개념(concept of strangeness)"을 소개했다. 이것은 궁극적으로 그를 물질의 기초 요소인 쿼크 입자로 이끄는 첫 단계가 되었다. 맨해튼 사업을 뒤로한 페르미는 입자 가속기 시카고 싸이클로트론(Chicago Cyclotron)을 건설하기 위한 자금을 이미 마련하고 나서 에너지 물리학의 전성기를 알리는 충돌실험(scattering experiments)을 했다.

그 시대에도 나름 가벼운 순간들도 있었다. 파인만이 세미나 강의를 하기 위해 왔을 때, 저녁에 그를 위해 그레고르 벤첼의 집에서 파티가 열렸다. 파인만은 그가 가진 여러가지 재주 말고도 금고 털이라는 평판을 갖고 있었다. 전쟁 중 그는 최고 비밀문서를 보관하는 로스앨러모스(Los Alamos)의 금고 안에 그의 이름을 남겨놓는 장난을 되풀이했다. 벤첼은 파인만에게 시범을 보여줄 용의가 있는지 물었다. 그리고 숫자 자물쇠가 있는 작은 가죽 여행 가방을 그에게 내밀었다. 파인만은 몇 분 후에 그 가방을 열었고 모두 박수를 쳤다. 페르미는 벤첼에게 자기도 열어 보겠다며 그 가방을 다시 잠그라고 했다. 그레고르는 회상하기를 "그는 저녁 내내 그것을 만지작 거렸으나 성공하지 못했다. 페르미가 내 생일만 기억 했더라도 열수 있었을 텐데……"

페르미는 암에 걸렸고 얼마 가지 않아서 생을 마쳤다. 그는 그가 죽어간다는 사실을 알고 있었으나, 인생 동안 자신이 하고 싶은 것을 성취했다는 만족감으로 끝까지 놀랄 정도로 침착했다. 찬드라(Chandra)가 마지막으로 그를 방문했을 때 그는 무슨 말을 해야 할지를 몰랐다. 곧 죽는다는 것을 알고 있는 사람에게 무슨 말을 할 수 있는가? 그러나 페르미는 "찬드라, 내가 다음 생에에는 코끼리로 환생할 것이라고 생각하느냐?"라고 농담을 하며 분위기를 완화시켰다.

하이젠베르크도 그를 보러 왔다. 그들은 같은 나이었으며 그들의 관계는 전쟁도 갈라놓을 수 없는 서로에 대한 깊은 존경으로 맺어져 있었다. 겔만과 양도 페르미게 마지막 인사를 하러 왔다. 그들이 떠날 때 페르미는 마지막 한 마디로 그들에게 상기시켰다 "이제는 너희들의 차례다." 물리학의 지휘봉은 이렇게 전달되었다.

제 17 장

세속을 초월한 선생님

a passion for discovery

제 17 장. 세속을 초월한 선생님

난부 요이치로(Yoichiro Nambu)는 페르미가 죽기 몇 년 전에 시카고로 왔다. 운명적인 고요함을 가진 겸손한 난부는 물리학에 중요한 공헌을 할 운명으로 태어났다.

그가 모습을 나타냈었을 때 중요한 문제로 대두된 것은 자연법칙의 대칭성이었다. 이미 지적한 바와 같이 자연법칙은 때나 장소에 따라 바뀌지 않는 것처럼 어떤 방향에서도 동일하다. 여기서 말하는 방향은 우리가 보통 공간에서 보는 방향이거나 물리학에서 여러 장(fields)에 의하여 정해지는 어떤 추상적 "내부 공간"에 있는 방향일 수 있다. 어떤 변환 (회전 혹은 병진)하에서 바뀌지 않는다는 이들 자연법칙의 특성을 우리는 대칭성이라 부른다. 그런 대칭성의 두 개의 예를 든다면 보존 법칙(에너지 보존)과 입자의 질량 스펙트럼에서 축퇴(degeneracy)이다. 이 축퇴란 말의 의미는 대부분의 입자들은 질량이 꼭 같은 상대를 가져야만 한다는 것이다. 예를 들면 아이소스핀(isospin)이라 하는 어떤 추상적 회전은 대칭적이며 이 때문에 전기적으로 양성인 양성자는 전기적으로 중성이고 양성자와 같은 질량을 갖는 상대인 중성자를 가져야 한다는 것이다. 실험적으로 이것은 거의 사실과 동일하다. 단지 이 대칭성은 완벽하지 않다. 엄격하게 말해서 중성자의 질량은 양성자의 질량보다 0.2% 무거우나, 중성자 질량과 양성자 질량은 거의 같다. 그렇다면 왜 자연은 대칭성으로 우리를 괴롭히고 마지막 순간에 이 대칭성을 깨뜨리려고(깨어짐이 아주 적다고 할지라도) 할까? 그것은 자연이 스스로 정교하게 다듬은 법칙을 손상시키는 것과 같다. 그런데 만약 그들을 손상시킬 생각이었다면 왜 처음부터 그들을 그렇게 조심해서 정교하게 다듬었을까?

이것은 심각한 답을 필요로 하는 심각한 질문이다. 결국 그 답은 난부에 의하여 제공되었으며 제프리 골드스톤(Jeffrey Goldstone)에 의해 일반화되었다. 기본적으로 이 답은 뷔리당(Buridan)의 당나귀에서 찾을 수 있었다. 14세기 프랑스 철학자 뷔리당은 같은 양 · 같은 질의 건초를 양쪽에 두고 정확하게 가운데에 서있는 당나귀는 어느 쪽에 있는 건초를 먹을지 이성적으로 결정하는 방법을 찾을 수 없다고 가정했다. 프랑스 당나귀이기 때문에 이 당나귀는 결정을 하기 위해 이성적 방법이 필요했다. 당나귀이기 때문에 비이성적인 어떤 것이 되기보다는 굶어 죽을 만큼 고집불통인 이 당나귀는 이 어려움을 아주 미세한 움직임으로 해결했다. 자발적 대칭성 붕괴라고 부를 수 있는 이 작은 움직임이 당나귀를 이 치명적인 대칭적 상황에서 해방시킨 것이다. 난부와 골드스톤이 찾은 결정적인 관찰은 만약 물리에서도 자발적으로 대칭성이 깨진다면 이것은 난부-골드스톤 보존이라고 불리는 정해진 수의 질량 없는 입자들의 출현을 이끌어 내었다. 하이젠베르크는 강자성(ferromagnetism)과 이 현상의 유사성을 그의 통일장 이론에서 언급했지만, 이 점을 이해하지 못했다. 난부와 골드스톤이 이 중요한 발견을 하고 나서야 자연은 자발적 대칭성 붕괴를 광범위하게 사용한다는 것을 알게 되었다. 그것이 없었다면 우리는 입자들과 그것들의 상호작용을 설명하는 매우 성공적인 표준 모델들을 생각할 수 없었을 것이다. 또한 난부는 끈 이론의 창시자의 한 사람이며 다른 중요한 발견들을 했다.

난부는 일본의 뛰어난 물리학계의 제 2세대이다. 제 1세대는 니시나 요시오(Yoshio Nishina), 쇼이치 사카타(Shoichi Sakata), 유카와 히데키(Hideki Yukawa), 도모나가 신이치로(Sin-Itiro Tomonaga) 들이며, 마지막 두 사람은 노벨상 수상자다. 제 2차 세계대전 중에 난부는 일본 자위대에 징집되었다. 다른 나라와 마찬가지로 일본에서도 군대는 경쟁이 심한 곳이었다. 일본 해군을 위해 도모가나는 전쟁에 매우 중요한 기술 중 하나인 레이더(Radar)를 개발하고 있었다. 육군에서 이 소문을 접하고는, 젊은 군인 도모가나가 무엇을 하고 있는지 알아내기 위하여 난부를 보내게 되었다. 이런 행위가 일본에 어떤 좋은 결과를 가져왔는지는 모르겠으나, 이것 때문에 난부는 도모가나의 마력에 빠지게 되었고 그와 아주 가까워지게 되었다.

도모가나는 마침 양자 전기 역학을 개발하고 있었고, 이로 인해 미국에서 각자 독립적으로 양자 전기 역학을 개발한 파인만과 줄리언 슈윙거(Julian Schwinger)와 함께 노벨상을 받았다. 미국과는 달리 일본 물리학계는 매우 계급적인 독일 모델을 모방하고 있었다. 교수는 주이론을 만들 뿐, 세부적인 계산 같은 것은 하지 않았다. 그런 일들은 조수들에게 넘겨주었다. 도모가나의 새로운 양자 전기 역학을 위한 결정적 계산 중 하나는 조수들 중에 제일 선배였던 지로 코바(Ziro Koba)에게 주어었었는데, 그가 계산에 허비하는 시간이 많았고 심지어 중요한 개념적 실수를 한 것이 분명해졌을 때, 그 계산은 다른 조수에게 다시 할당되었다. 그 뒤로 코바는 일 년 동안 삭발함으로서 그의 실수에 대해 속죄해야 했다.

그 당시에는 더글러스 맥아더(Douglas MacArthur)장군의 명령에 의하여 미국 물리학 간행물은 일본에 반입 될 수 없었다. 그 때문에 도모나가는 파인만과 골드스톤의 연구에 대해 아무것도 모르고 있었다. 그러나 맥아더 장군은 일본에 타임지가 들어가는 것은 허락했다. 사실 장려했다는 표현이 더 정확하다. 공식적으로 도모가나 팀에 속하지는 않았으나 그의 새로운 이론을 전수받은 난부는 즉시 그것이 전자의 비정상적 자기 모멘트(magnetic moment)를 계산하는데 이용될 수 있다는 것을 알아차렸다. 이것은 새 이론의 중요한 예측 중 하나였는데, 난부가 그의 계산을 완료했을 때는 이미 타임지로부터 다른 사람이 그를 앞지른 것을 알았을 때였다. 그곳에는 스윙거의 연구와 그가 사용한 유명한 수식결과를 다루고 있었다. 난부는 나에게 "그것은 나의 결과와 일치했다"고 겸손하게 말했다.

난부가 물리학에 대해 이야기 하는 방법을 이해하기 위해서는 그의 겸손함을 염두에 두고 있어야 하며, 어떤 단계에서는 그가 마법사라는 것을 염두에 두어야 한다. 그는 놀라운 아이디어들을 많이 가지고 있었고, 나는 그가 처음으로 그와 그 아이디어들에 대하여 이야기 했던 것을 기억한다. 그는 항상 "이 일은 새로운 것이 아닐 수 있다."라고 말하는 것처럼, 잘 알려진 결과들과 아름다운 수식들, 그리고 유명한 이름들을 칠판에 적으며 시작한다. 그를 모르는 사람들은 이때 흥미를 잃는다. 그러나 난부의 천재적 특성은 그의 연구를 설명하는 마지막 단계에서 나타난다. 그는 갑자기 마술사가 하는 것처럼 많은 토끼들을 모자에서 끄집어내며 아무도 알아채기 전에 토끼들을 완전히 새로운 형태로 다시 만드는 불가능한 마술을 부린다. 이야기가 끝났을 때 어디서 이 토끼들이 왔는지 물으면 그는 매우 신중한 답을 하지만, 그 토끼들이 칠판에 나타나기 전에 어디에 있었으며 그가 어떤 마술을 부렸는지는 영원히 수수께끼로 남아있게 된다. 이런 면에서 난부의 사고방식은 파인만이나 디랙과 비슷하다. 그의 대단히 독창적인 사고방식은 완전히 논리적인 결과들을 만들어내지만 그 과정은 신비 속에 가려진 채 남아 있다고 한다.

난부는 생의 대부분을 미국에서 보냈지만, 행동 방식에서는 완전한 일본인이었다. 일본 사람들은 가능한 부정적인 답을 피한다. 누가 숫자 '2'가 숫자 '3'보다 큰 것이냐고 물으면, 단호히 '아니요'라고 표현하지 않고, 한 단계 부드럽게 '아닌 것 같군요'라고 대답한다. 누가 저녁을 같이 먹자고 하면 시간이 있든지 없든지 간에 부정적으로 대답하지 않고 "좋은 생각이군요"라고 하며 대답을 피한다. 이런 방식이 몸에 밴 난부는 모든 질문을 긍정적으로 대답하거나 말을 하기 전에 멈췄다. 멈춤이 길수록 '아니다'라는 의미가 강해진다. 그의 절대적인 '아니요'는 무한히 연기된 '예'로 보면 되었다.

한때 난부가 우리 학과의 학과장으로 임명되었다. 학장의 초청을 수락하기 전에 장고를 한 그는 학과장으로 임명된 후 첫해 동안 인기가 아주 많았다. 교수들은 하룻밤 사이에 그들의 실험실을 두 배로 넓히고 싶다던가 큰 수리를 하고 싶다던가 하는 무리한 요구들을 가지고 그에게 접근했었다. 모두들 나에게 말하기를 난부는 우리 학과가 가질 수 있는 최고의 학과장이라고 하며 전임 학과장과는 달리 그들의 요구를 모두 승낙했다고 기뻐했다. 나는 그들에게 난부가 즉석에서 승낙을 했느냐고 물었다. 그들은 "아니, 몇 분 동안 생각하고 나서야 허락을 했어. 어쨌든 그는 자신이 허락했다는 것을 알고있어."라고 대답했다. 물론 분명히 그가 어떤 대답을 했는지 알 것 같았다. 일 년 후에 같은 사람들은 난부가 우리 학과의 역대 학과장 중 제일 나쁜 학과장이라고 말했다. "일년 전에 그는 이것저것을 약속했는데 아무것도 지키지 않았어." 그래서 나는 동료들에게 난부의 '예'라는 대답의 진정한 사용법의 정확한 의미를 알려 주었다.

난부는 여러 가지 취미를 갖고 있었다. 그는 망원경을 만들었고 그것으로 새로운 혜성들을 발견했다. 그는 그 발견을 여러 학회에다 보고 했다. 하지만 아쉽게도 난부의 이름을 딴 혜성은 없다. 항상 다른 아마추어가 그를 앞질러 발표했던 것이다. 그는 또한 굉장한 사진들을 찍었다. 그는 프린스턴에서 흐트러진 복장을 하고 기다리던 차를 타기 위하여 차로 걸어가고 있었던 알베르트 아인슈타인의 사진을 갖고 있었다. 연구소장 오펜하이머의 금지령에도 불구하고 그는 아인슈타인을 프린스턴에서 만났던 것이다. 가을에 새로운 학자들이 연구소에 오면 오펜하이머는 그들에게 절대로 아인슈타인을 방해해서는 안 된다고 강조했으며, 오펜하이머의 사전 허가를 얻기 전에는 아무도 그를 볼 수가 없었다. 그러나 난부는 아인슈타인의 조수 카우프만(Bruria Kaufmann)을 알고 있었고 그를 통해 만남을 주선했었다. 그들은 물리학에 관한 즐거운 토론을 했다. 그 당시 아인슈타인은 상당한 외로움을 느끼고 있었고, 마침내 누군가 어떤 젊은이가 그를 찾아와줘서 기뻤던 것이었다.

제 18 장

오펜하이머
그는 영웅인가 반(反)영웅인가?

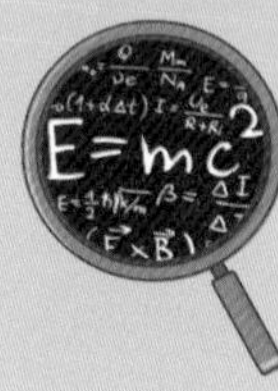

a passion for discovery

제 18 장. 오펜하이머, 그는 영웅인가 반(反)영웅인가?

로버트 오펜하이머(J. Robert Oppenheimer)는 소문과는 많이 다른 사람이었다. 내가 1964~65년도에 프린스턴에 있었을 때, 그는 아직도 그곳에서 활발히 활동 중이었다.

인터넷뿐만 아니라 제록스(Zerox) 복사기도 없던 시절에는 연구 논문의 보급이 오늘날같이 빠르지 못했다. 그 때는 논문을 쓰면 약 20부를 등사판으로 인쇄하여 이 연구에 관심이 있다고 생각되는 물리학자들과 그 분야에서 저명한 몇 사람에게 "견본(preprint)"을 보내곤 했다. 그 시절에 견본을 읽는다는 것은 오늘날보다 훨씬 더 개인적인 수준의 과정이었다. 문서를 작성하는 컴퓨터 프로그램인 워드(word processor)도 없었고, 수식은 저자의 필적이 나타나도록 손으로 쓰였다. 오늘날 평균 약 25편의 논문이 인터넷에 매일 올라오는 것에 비교한다면, 그때는 일주일에 3편 정도의 논문을 볼 수 있었다. 이것은 훨씬 더 여유 있는 일이었으며 학자들은 세미나나 학회에 참석하는 것에 더 많이 의존하곤 했다.

연구소에서 있는 이론 세미나는 오펜하이머 자신이 관리했다. 그는 모든 견본들을 모아서 그 중 몇 개를 읽고는 그가 괜찮다고 생각하는 발표자를 초청했다. 세미나 중 계속 담배를 피우고 있다가, 그는 발표를 잠깐 멈추게 하고 질문을 한다. 항상 발표자들의 대답은 "그것은 아주 좋은 질문이다. 나는 지금 그 점에 대하여 말하려고 한다"이다. 그가 질문하는 방식을 보면, 논문을 미리 읽고 준비한 질문을 가지고 마치 무심코 발표자에게 질문하는 연기를 하며 조연 역할을 하는 것이 분명했다. "그것은 아주 좋은 질문이다."라는 칭찬을 들은 후, 그는 기술적으로 굉장히 어려운 피아노 곡을 연주한 후 갈채를 받는 피아니스트처럼 그가 앉았던 첫 줄 자리에서 일어나 뒤를 돌아본다. 그것은 굉장히 식상한 일이 되었고, 나아가 창피스러운 것이 되어버렸다. 관중석에 있는 많은 사람들은 그와 눈이 마주치는 것을 피하기 위해 다른 곳을 쳐다보았다. 그러나 한 번은 인과응보를 받았다.

발표자는 MIT에서 온 황(Kerson Huang)이었다. 그는 여러 변수들을 소개했고, 오펜하이머는 그를 중단시키며 물었다. "황, 이 변수의 기호는 어떻게 되나?"라는 그의 질문에 황은 "그것은 아주 좋은 질문이다."라고 오펜하이머에게 답례하며, 계속하기를 "그것의 기호는 양 또는 음이다"라고 말했다. 그 질문은 아무 의미가 없다는 것을 공손하게 전달한 것이었다. 10분 후에 황은 또 하나의 변수를 소개했고 그것은 양수라는 점을 강조했다. 이것은 오펜하이머가 잘못된 순간에 질문했다는 것을 뜻했고 사람들은 간신히 웃음을 참았다.

슬프게도 이런 일들은 자주 일어났다. 내가 처음 연구소에 도착했을 때 나는 오펜하이머의 사무실에 초대받아 대화 할 수 있다는 것이 대단히 기뻤다. 내가 그의 사무실에 갔을 때 그는 말하기를 조금 전에 자기가 아주 관심을 두고 있었던 초전도성에 관한 논문을 받았으며 그것에 대해 내게 이야기 해주겠다고 했다. 초전도성 연구는 그 당시에 고체 물리학이라고 불렀던 분야에 속했다. 나 또한 입자 물리학자이지만 초전도성에 매우 관심이 많았는데, 그는 이 사실을 모르고 있었다. 나는 정말 그가 초전도성에 관심이 많은 줄 알고 이에 대해 질문을 하기 시작했다. 그는 제대로 답을 못했고, 그 논문을 제대로 이해하지 못하고 있다는 것이 분명해졌다. 그가 매우 불쾌해진 것을 보았을 때, 나는 그가 나의 느낌을 알아차렸다는 사실을 알았다. 그는 아마도 내가 전공 분야 외에는 아무것도 모를 것이므로 그의 박식에 놀랄 것이라 기대했을 것이다. 나는 그와에 만남에 놀랐고, 며칠 후에 이것을 프린스턴 대학의 교수이자 시카고 대학의 졸업생이었던 샘 트라이먼(Sam Treiman)에게 이야기 했다. 그랬더니 샘은 그의 특유한 유머를 사용하여 "오펜하이머에게 깊은 지식이 없다는 것은 여기서는 공공연한 비밀이야"라고 말했다.

그러나 아직 최악의 사태가 남아있었다. 크리스마스 바로 전에 훗날 색 전하(color)로 알려진 쿼크 입자의 성질에 대해 그린버그(Wally Greenberg)가 세미나에서 발표를 했다. 많은 사람들이 휴가를 위해 이미 도시를 떠났기 때문에 이 훌륭한 강의에는 참석자가 별로 없었다. 10여명의 청중 중에는 그린버그의 강의를 듣기 위해 프린스턴 대학까지 온 이웃 대학의 이론 물리학 교수가 있었다. 강의실은 작았고, 첫 줄에는 보통 연구소의 선배 교수들(오펜하이머, 프랭크 양, 프리먼 다이슨 등)이 앉는 몇 개의 가죽 안락의자들이 있었다. 오펜하이머 이외에 다른 사람들은 도시에 없었고, 그 이웃 대학에서 온 교수가 이 안락의자에 앉았다.

강의실에 들어와서 오펜하이머는 바로 이 교수에게 "일어나. 이 자리는 너를 위한 것이 아니야"라고 소리쳤다.

연구소의 젊은 물리학자들은 오펜하이머의 이러한 행동에 대해 많은 토론을 했다. 무엇이 이런 오만을 일으켰는가? 많은 설명이 가능할 것 같다. 내가 그를 만났을 때, 그가 수소 폭탄을 제조하는 것에 반대하고 있는 것이 정치적으로 유발된 것이라고 생각하는 사람들의 두려움 때문에 그는 이미 원자폭탄 제조법을 소련에 넘겨준 공산주의자로 의심받고 있었다. 이런 이유로, 오펜하이머의 비밀 정보 사용 허가는 이미 최소되어 버렸다. 그는 이로 인해 큰 정신적 상처를 받게 되었고, 이 사건이 그를 원한을 품은 변덕스러운 오펜하이머로 만들었을 가능성을 생각해볼 수 있다.

또 다른 설명은 오펜하이머의 제일 큰 업적인 맨해튼 계획에에서 시작된다. 맨해튼 계획에서 그의 역할은 대부분 관리자였다. 생각건대 30대 후반에 엔리코 페르미(Enrico Fermi), 유진 위그너(Eugene Winger), 한스 베테(Hans Bethe), 리차드 파인만(Richard Feynman), 에드워드 텔러(Edward Teller)와 같은 동년배들의 상관으로 임명되면서 그는 가장 훌륭한 과학자 '관리자'가 되었다. 창조적인 과학자와 교수로서의 그의 경력은 이 임명으로서 끝났던 것이다.

그는 세 개의 연구로 잘 알려져 있다. 노벨상 수상자인 그의 교수 막스 보른(Max Born)과 함께 그는 분자의 양자 이론에 아주 유용한 근사법(approximation scheme)을 고안했다.

얼마 후에 그는 실험적 이유로 양전자는 디랙의 이론에서 나오는 양전기를 갖는 입자가 될 수 없다는 것을 지적했다. 그러나 전하가 반대라는 것을 제외하고 전자와 같은 모든 성격을 공유하는 종전에 보지 못한 새로운 입자인 혁명적인 반물질의 개념을 제안한 사람은 오펜하이머가 아닌 디랙이었다. 얼마 후, 이 새로운 입자인 양전자는 실험적으로 캘리포니아 공과대학교(Caltech)에 있는 칼 앤더슨(Carl Anderson)에 의하여 발견되었다.

그리고 오펜하이머는 그의 재능 있는 학생 하틀랜드 스나이더(Hartland Snyder)와 함께 블랙홀에 관한 초기 연구를 하기도 했다.

이 연구들은 모두 중요한 논문들이나 아인슈타인을 포함하여 그가 관리하던 사람들의 논문들과 같은 수준이라고 하기는 어려울 것이다.

맨해튼 계획의 기본개념도 사실 다른 사람들로부터 나왔다. 오펜하이머는 분명히 그의 고위 공직과 학계에서의 위치 차이를 알 만한 사람이다. 그의 "밑에 있던" 사람들은 누구라도 이 사실을 잘 알고 있었다. 그런데도 전쟁 후 오펜하이머만이 유명해졌다. 마음 속 깊은 곳에서 그는 이러한 명예가 순간적이고 덧없는 현상이라는 것을 잘 알고 있었음이 분명하다. 그리고 나서 그의 비밀 정보 사용 허가가 취소되었다.

1965년에 오펜하이머는 자신에 관한 하이나르 키프하르트(Heiner Kipphardt)의 연극이 브로드웨이에서 열리는 것을 막기 위해 모든 수단을 다해 싸우고 있었다. 그 연극은 그를 동정적으로 보지 않았고, 오히려 그의 성격에서 나타난 문제점을 파헤쳤다. 그는 그의 역사적 역할이 물리학에 대한 공헌보다는 그의 성격 때문에 이루어진 것이라는 사실을 깨달을 정도로 초연하지 못했다. 파인만의 말을 빌리자면 "슈뢰딩거는 물리학계에서 해리 트루만(Harry Truman)과 같은 존재이다. 가장 훌륭하다고는 할 수는 없지만 때가 도래했을 때 그는 그의 역할을 해냈다"고 말했다. 이 말을 빌어 나는 오펜하이머를 물리학계에서 영웅의 자리에서 시작하여 한없이 추락했던 비극적 인물 메리 스튜어트(Mary Stuart)와 같다고 생각한다.

제 19 장

비엔나의 물리학 : 예전과 지금

a passion for
discovery

제 19 장. 비엔나의 물리학 : 예전과 지금

맨해튼 계획이나 인간 게놈(Human Genome) 사업 같은 거대한 과학적 기술적 사업이 성공하기 위해서는 일사불란한 통합적 관리가 필요하다. 오펜하이머는 오늘날까지 그 거대한 사업에서의 제일 훌륭한 최초의 관리자였다. 그러나 고등연구소 같은 중요한 연구 기관의 장으로서 그의 역할은 논쟁의 여지가 있었다. 단일 연구소나 대학에서 연구가 활발하게 진행되기 위해서 강한 관리자가 꼭대기에 있다는 것이 항상 도움이 되는 일이 아니며 또 그럴 필요도 없기 때문이다.

하나의 전형적인 예를 19세기 비엔나의 마지막 10년에서 볼 수 있다. 독일 말을 하는 사람들이 사는 지역과 과학을 연관지어 생각할 때 베를린, 뮌헨, 괴팅겐, 취리히 같은 곳이 먼저 떠오르기도 하지만 19세기 말에는 비엔나 바로 그곳이었다. 그 당시에 통계역학과 관련된 기체 운동론이 창안되었는데 이 일의 지도자는 비엔나에 있었던 루트비히 볼츠만(Ludwig Boltzmann)이었다. 물론 예일에서 전기 역학의 법칙을 발견한 위대한 천재였던 조사이어 윌러드 기브스(Josiah Willard Gibbs)와 제임스 멕스웰(Scot Clerk Maxwell)도 그 일에 관여하고 있었지만 그 일의 중심은 비엔나였다. 볼츠만은 비엔나에서 흑체복사(black-body radiation) 연구로 유명해진 조셉 스테판(Josef Stefan)과도 함께 공부했다.

고전 역학의 재해석으로 아인슈타인이 일반상대론을 찾도록 했고, 현재 초음속 비행과 심리학 · 실증철학에 대한 공헌으로 잘 알려진 에른스트 마흐(Ernst Mach)도 비엔나에 있었다. 당시 아직도 가설에 불과했던 분자의 크기를 처음으로 정확하게 결정하고 지금 우리가 아보가드로(Avogadro)의 수로 알고 있는 것을 독립적으로 발견한 요한 로슈미트(Johann Loschmidt)도 비엔나에 있었다. 오스트리아는 한 때 강성했던 대제국으로 내리막길을 걷고 있었다. 큰 나라가 흥할 때와 마찬가지로 제국이 망할 때에도 멸망의 속도가 너무 급속하지만 않다면 예술과 과학은 번창을 한다. 그래서 합스부르크(Habsburg) 제국의 붕괴 시기도 위대한 물리학 거장들을 한곳으로 모이게 했으나, 그들은 여러 문제에서 서로 견해가 달랐다. 예를 들면 마흐와 볼츠만은 굉장한 사이가 안 좋았다. 그럼에도 불구하고 오펜하이머 같은 지도자 없이 모든 것이 해결되었다.

어쨌든 비엔나의 영광스런 날들은 오래가지 못했다. 그 이유가 합스부르크 제국의 붕괴 때문인지, 거장들의 죽음 때문인지 말하기 어렵다. 결국 커다란 제국들과 마찬가지로, 유명한 과학 기관들도 정해진 생명이 있던 것이다. 사실은 슈뢰딩거와 파울리처럼 많은 다음 세대의 학자들이 연구하러 외국으로 떠나갔다. 그러나 비엔나는 계속해서 일류 물리학자들의 거처였다. 한스 티링(Hans Thirring)은 그의 뛰어난 논문들에서 어떻게 마흐의 개념들이 아인슈타인의 일반 상대론에 적응되는지를 보여주었다. 이것이 소위 렌저-티링(Thirring-Lense) 효과라는 것인데, 불행하게도 이 효과는 너무 작아서 실험적으로 탐지하기 힘들었다. 그 후, 1960년경에 소련 이론 물리학자 긴즈부르크(V. L.

Ginzburg)가 정밀 자이로스코프(precision gyroscope)라 불리는 것을 지구 궤도로 쏘아 올림으로서 렌저-티링 효과를 관찰할 수 있다고 제안했다.

긴즈부르크가 이런 제안을 했을 때 나는 비엔나 대학의 학생이었고, 티링에게 어떻게 생각하느냐고 물었다. 그는 조금도 기쁘게 생각하지 않았다. 그는 가끔씩 대학교에 나오기는 했지만 그 당시에 70세였다. 그는 정년 퇴직을 한 뒤였으며 이미 국회 위원으로 당선되어 있었다. 그는 렌저-티링 효과야 말로 그가 물리학에서 이룬 최고의 것이라고 나에게 말했다. 그는 일반 상대론에서 제일 아름다운 효과를 발견한 것을 칭찬하는 편지를 아인슈타인으로부터 받기도 하였다. "이제 그들은 나의 이론을 시험하려 한다. 이를 위하여 어떤 소련 학자는 자이로스코프를 지구의 궤도에 올리려 한다. 그러나 소련에서 만든 자이로스코프는 제대로 작동 하지 않을 가능성이 많고 그 효과는 발견되지 않을 것이다. 이 결과는 대서특필될 것이고 나는 불행한 사람으로 죽을 것이다. 그리고는 어떤 미국 사람이 실험을 제대로 다시 해 내가 옳다는 것을 입증할 것이나 그때는 나는 이미 이 세상 사람이 아닐 것이다. 이 나이에 나에게 이런 짜증스러운 일은 필요 없다. 내가 죽고 난 다음에나 그들이 실험하게 해라."

소련 사람들은 실험을 시도하지 않았기 때문에 티링은 걱정할 필요가 없었다. 후에 스탠포드에 있는 레오나르도 쉬프(Leonard Schiff)가 긴즈부르크와 비슷한 제의를 했고, 그의 동료였던 실험 물리학자 빌 페어뱅크(Bill Fairbank)가 실험에 필요한 자이로스코프를 만들기 시작했다. 그것은 많은 시간을 요구했으며 티링과

페어뱅크가 모두 죽은 후에도 실험이 시행되지 못했다. 그러나 결국 2007년에 NASA에서 이 "일반 상대론의 제일 아름다운 효과"를 실험으로 확인했다.

티링은 키가 작고 안경을 낀 익살스럽게 보이는 사람이었다. 냉전이 극도에 달하고 쿠바 미사일 위기가 일어났을 때 오스트리아의 국회의원으로서 그는 정말로 혁신적인 생각을 내놓았다. 그는 무장해제가 소련과 서양 사이의 핵전쟁을 피하는 단 하나의 방법이라는 것을 알았다. 그러나 두 나라의 무장해제는 중요한 사회적 문제를 야기시킬 수 있었다. 제일 중요한 문제는 어떻게 더 이상 필요 없는 직업군인들을 생산적인 사회로 재통합시키며, 어떻게 이 재통합으로 자금을 공급하느냐 하는 것이었다. 이것을 해결하기 위해 그는 오스트리아가 먼저 자발적으로 무장해제를 하고 그 결과를 UN에 보고하자고 제의했다. 그 당시에 오스트리아는 한정된 군사력을 유지하고 있었다. 군사력의 유일한, 그리고 중요한 목적 중 하나는 소련군이 침략해 오면 오스트리아 대통령이 워싱턴에 전화를 할 수 있을 시간만큼 소련군을 막는 것이었다. 티링은 무장해제를 하기 전에 오스트리아가 모든 주변 국가들과 상호 불가침 조약을 체결해야 한다고 제의했다. 만약 무장 해제된 방어 능력이 없는 오스트리아가 이웃 나라의 침략을 받고 점령당한다면 무장해제는 불가능하다는 것이 증명되었기 때문이다. 그러다면 오스트리아는 붕괴될 것이고, 제 3차 세계 대전은 피할 수 없게 될 것이었다. 이 제안을 관철시키기 위해 이미 경험이 있는 정치인인 티링은 모든 UN회원국들에서 온 무장해제를 위한 감시원들이 오스트리아 지역 경제를 위해 관광비용을 사용하게 될 것이라는 지적 또한 잊지 않았다. 그러나 예상했듯이 티링이 재선에 출마했을 때 모든 오스트리아 군장교들이 그를 반대하는 선거운동을 했으며, 정치인으로의 그의 생애는 끝이 났다.

대학에서 한스 티링은 그의 아들 월터 티링에 의해 승계되었다. 월터 티링은 오스트리아의 지도적인 이론 물리학자가 되었으며 티링모델이라고 불리는 유명한 양자장론을 발견하기도 했다. 이 모델의 중요성은 정확하게 풀린다는 사실에 있다. 더 복잡한 이론들에서 답을 찾을 수 없었던 여러 질문들에 대해 간단한 답을 제공한 그리고 이들 간단한 답들은 더 복잡한 이론의 연구의 방향을 제시하는데 이용된다. 나는 월터 티링에게 많은 빚을 지고 있다. 그는 나의 지도교수였다.

월터 티링의 대학생활은 굉장히 흥미로웠다. 이탈리아 특유의 악센트가 묻어나는 독일어로 강의를 한 브루노 추미노(Bruno Zumino), 나와 함께 2편의 연구 논문을 쓴 밥 카루플루스(Bob Karplus), 지금 시카고에 있는 나의 동료 라인하르트 오흐메(Reinhard Oehme), 에드워드 텔러의 학생 보리스 제이콥슨(Boris Jacobson), 메릴랜드 대학교(University of Maryland)에 있는 고체 물리학자 리차드 페럴(Richard Ferrell), 그리고 주간잡지 뉴요커(New Yorker)의 기자 J. 번스틴(Jeremy Bernstein) 등이 오랫동안 월터 티링을 방문했었다. 그리고 취리히에 있는 Res Jost와 제네바에 있었던 요셉 마리아 야우흐(Joseph Maria Jauch)가 방문하곤 했다.

나는 폴 디랙의 방문을 생생하게 기억한다. 티링은 중요한 교수 회의에 참석해야 했고, 그는 나에게 디랙을 보살펴 주라고 했다. 나는 진정으로 위압감을 느꼈으며 사교적이 아니었던 키 크고 마른 디랙조차 나의 상태 눈치 채고 나에게 말을 걸기 시작했다. 우리는 아직도 공식적으로는 슈뢰딩거의 사무실에 있었는데, 그때 그는 거의 임종 직전에 있었다. 디랙은 우리가 하던 이야기에서 단서를 얻은 후, 나에게 이론 물리학에서는 두 가지 연구 양식이 있다고 했다. 첫 번째는 실험 학자들과 가까이 지내며 실험과 이론 사이에 모순이 발생하면 새로운 이론으로 그 모순을 없애는 것이라고 했다. 그의 생각으로는 하이젠베르크가 이 방법을 가장 잘 실천하고 있다고 했다. 디랙은 계속 말하기를, 두 번째 방법은 좀 더 이론에 가까이 가서, 이미 수용되어진 이론의 체제 안에서 그것이 모순에 이르게 되면 더 새롭고 더 영향력 있는 이론을 구성하는 것이었다. 그는 슈뢰딩거를 이 방법의 가장 효과적인 실천자로 뽑았다. 대부분 사람들은 실제로 이 명예가 디랙 자신에게 돌아간다는 것에 찬성할 것이다.

그가 나에게 이런 강의를 하던 중 그와 비공식 면담을 신청했던 번스틴(Jeremy Bernstein)과 또 다른 한 사람이 사무실에 들어왔다. 번스틴은 디랙에게 그의 이름을 어떻게 발음하는지 물었다. 즉, 영어식으로 디랙(dee-rack)이라고 발음하는지, 아니면 모음 'a'를 "rah"로 발음하는 불어식으로 발음해야 하는지를 물었다. 디랙은 "오, 나는 실제로 아무런 차이도 느끼지 못한다"라고 대답했다. 그는 물리학의 장래에 대해 어떻게 생각하느냐고 노(老)교수에게 물었다. 양자장론의 창시자였던 디랙은 어떤 양에 대해 무한대의 값을 주는 것에 대해 걱정을 많이 한다고 했다. 현재 이 무한대 값은 소위 말하는 재규격화(renormalization)를 통해서 제거되었고 수학적으로 정확히 유한한 결과를 예측하도록 보완되었다.

"몇 세기 동안 수학자들은 무한히 작은 것을 무시하는 것이 유용하다는 것을 알아냈다"고 그는 말했고, "최근에 물리학자들은 무한히 큰 것들도 무시하라고 얘기하더라"고 덧붙였다. 그러나 만약 양자장론에서 재규격화를 인정하지 않게 된다면 어찌될 것인가? "물론 비결합대수학(nonassociative algebras)가 해답이 될 것이다"라던 디랙의 말은 명쾌한 대답이었다. 오늘날까지 나는 그가 무슨 생각을 하고 그런 말을 했는지 전혀 모른겠다.

오스트리아 유태인 물리학자들도 비엔나 대학을 방문했다. 헤르타(Herta Wambacher)와 함께 유제기술(emulsion technique)을 개척한 마리에타 블라우(Marietta Blau)가 온 것이다. 그녀의 유제기술에 대한 연구는 나치에 의해 방해를 받았었고, 그래서 그녀는 전쟁 중 미국에 있었으나, 이로 인해 당연히 받아야 할 인정을 최근까지 받지 못했다. 하지만 역사는 이를 교정을 하는 방법을 알고 있다.

내가 특히 관심이 있었던 두 명의 방문객은 귀도 벡(Guido Beck)과 Bruno Touschek였다.

오스트리아인이었던 Touschek는 전쟁 직후 이탈리아로 갔다. 그러나 당시 이탈리아에서 강의를 하기 위해서는 자국의 시민이어야만 했다. 제 1차 세계대전 중 오스트리아 해군의 높은 장교였던 그의 아버지는 아들이 "적국"의 시민이 된다는 것을 허락하지 않으셨다. 그래서 그는 충분한 수입과 니콜라 카비보(Nicola Cabibbo)를 포함한 똑똑한 학생들을 지도하는 것을 허락하는 두 개의 연구직들을 갖는 것에 만족해야 했다. 물리학에서 Touschek는 손지기 대칭성(chiral symmetry)의 중요한 개념을 소개했고, 아직도 광범위하게 사용 되고 있는 입자 충돌장치(particle colliders)의 빔 안정성(beam stability)이론을 제시했다. 사실 그가 전자-양전자 충돌장치를 발명했다고 말하는 것이 정확하다. 그는 개인적으로 대단히 활기차고 즐거운 성격을 갖고 있었으며 좋은 포도주를 좋아했다.

한번은 많은 포도주를 마시고 기분이 좋아진 Touschek는 이른 아침에 소란을 피운다는 죄목으로 로마 거리에서 체포된 적이 있다. 로마 경찰들은 그가 무엇을 해 먹고 사는지 물었었고, 그는 "나는 시간의 반전을 연구한다."고 대답했다. 그는 물리학에서 시간의 흐름이 반전되는 중요한 대칭성 작용의 하나를 말한 것이다. 이 말의 과학적 의미를 몰랐던 경찰은 시간을 반전하여 법으로 금지된 파시즘의 부활을 원한다고 생각하고 당장 Touschek를 구속해 버렸다.

Touschek가 나의 박사 학위 논문에 관해 강의를 부탁하며 나를 로마로 초대했었다. 그런데 내가 로마에 도착했을 때는 대학 전체가 파업 중이었다. 시간을 반전시키지 않은 채, 파시즘의 부활을 위해 노력했던 탐브로니(Tambroni) 정부 때문에 온 나라가 정치적 혼란 속에 있었다. 그는 로마에 있는 하숙집에 숙소를 정해 주면서 대학이 다시 열릴 때까지 관광이나 하라고 했다. 하루는 그가 나를 교황의 여름별장이 있는 카스텔간돌포(Castel

Gandolfo)의 아래쪽에 위치한 알바노 호수(Lago Albano)에 스노클링을 하러 가자고 불렀다. 오후 1시가 되자, 그는 5시에 있을 항의 시위에 합류하기 위해 급히 시내에 돌아가야 한다고 했다. 나는 시내로 돌아가는 데는 자동차로 약 30분밖에 안 걸리는데, 왜 이 깨끗한 호수를 두고 한여름 무더운 로마의 더위 속으로 급하게 돌아가야 하는지 이해를 하지 못했다. Touschek는 집에 가서 샤워와 면도를 하고 좋은 양복으로 바꾸어 입고 넥타이를 매고 대학에 가야 한다고 설명했다.

"시위를 위해서? 그냥 네가 입고 있는 그대로 차를 타고 가면 안돼?"

"정말 너는 로마의 시위에 대해 아무것도 모르는구나. 시위대는 늘상 근방에 있는 차들로 방어벽을 만들고 돌을 던지며 몇몇 차에는 불을 지른단 말이야. 나는 아름다운 내 고급 승용차를 불타게 하고 싶지 않아." 그는 가운데서 문이 열리는 아름다운 란치아(Lancia)를 소유하고 있었다. 너무 고급스러워서 그 디자인은 생산이 오래가지 않았다.

"그리고 면도를 하고 옷을 바꾸어 입어야 해." 그는 계속했다. "왜냐하면 로마 경찰들은 고무 방망이로 시위자들을 쫓아내는데 수염 있는 사람들과 단추 열린 셔츠 입은 사람들부터 때리기 시작하거든" 실제로 경찰 설명서에는 그런 사람들이 민중의 선동자들이라고 간주하고 있었다.

시위가 있었던 다음 날, 대학은 다시 문을 열었고 나는 강의을 시작했다. 그 후 머지않아 탐브로니 정부는 붕괴했다.

Touschek는 부유층과 잦은 접촉을 가졌다. 아름답고 지적인 영화배우 지나 롤로브리지다(Gina Lollobrigida)가 기자들을 피할 때 그녀는 Touschek의 집에 머물렀었고, 파파라치를 쫓아내는 것이 이 이론 물리학자가 하는 일이었다. 또 그는 볼프강 파울리(Wolfgang Pauli)와 매우 가까웠고 그의 임종 때 병실 137호(조머펠트의 미세 구조 상수 'a'의 역수)를 방문하기도 했었다.

늘 그랬듯이 파울리는 Touschek에게 어떤 연구를 하던지 너무 늦었다고 말하며 젊은 Touschek를 자주 단념시키려고 했고, 무엇을 하던지 이미 딴 사람이 했을 것이라고 했다. Touschek가 병실 137호에 왔을 때 파울리는 "Touschek, 이번에도 너무 늦게 왔어."라며 그를 맞았다.

나를 매혹시킨 또 다른 방문객은 얇은 흰머리가 반짝거리는 대머리를 덮고 있는 귀도 벡(Guido Beck)이었다. 그는 언제나 겸손한 복장을 하고 우산이나 지팡이를 들고 다녔다. 그는 브라질을 방문한 적이 있었는데, 1930대 브라질로 가기 전에 라이프치히(Leipzig)에서 하이젠베르크(Heisenberg)와 코펜하겐(Copen-hagen)에 있는 보어와 같이 연구를 했다. 1931년에 그는 한스 베테(Hans Bethe)와 볼프강 리츨러(Wolfgan Riezler)와 함께 오늘날까지 가장 창의적인 장난으로 남아있는 논문을 썼다. 유명한 천체 물리학자 아서 에딩턴(Sir Arthur Eddington)은 노년기에 미세 구조 상수 a의 역수 '1/a'가 정확하게 '137'이라는 것을 제의했다. 오늘날 이것은 실험에 의하여 사실이 아니라는 것이 잘 알려져 있긴 하지만, 그 당시에도 역시 이것은 완전히 말도 안되는 주장이었다. 아서를 망신시키려고 벡, 베테, 리츨러는 에딩턴처럼 섭씨 온도의 절대 0도 값 t (−273도)와 '1/a'와의 관계를 찾았다고 주장하는 논문을 썼다. 이 내용은 t = (2/a − 1)로 표시되므로 숫자로는 −273 = −(2/(1/137)−1)이 된다. 이 말은 그럴듯하나 문제는 'a'가 자연의 기본 상수지만 절대 '0'도의 값은 사람이 임의로 만든 것이므로 기본적 상수가 아니라는데 있었다. 이 주장은 미세 구조 상수로부터 마이클 조단(Michael Jordan)의 운동복 등번호 '23'을 설명할 수 있다고 주장하는 것처럼 터무니없는 일이다. 왜냐하면, 이 '23'이라는 숫자에 운동장 안에 있는 선수의 수 '6'을 곱한 뒤 '1'을 빼면 137이 되기 때문이다.

그들의 주장은 에딩턴을 패러디한 것이었다. 그들은 논문을 영국 학회지 Nature에 버금가는 독일의 Die Naturwissenschaften에 제출했다. 마음씨 착한 아마추어 발행인 아돌프 베를리너(Adolf Berliner)는 젊지만 유명한 한스 베테의 이름이 저자들 중에 포함되어있는 것을 보고 바로 그 논문을 출판시켰다. 그러자 해명을 요구하는 많은 편지가 편집자의 사무실에 쇄도했고 베를리너는 이 편지들을 모두 논문 저자들에게 보냈다. 저자들은 모든 것이 순진한 장난이었다고 자백하였고, 베를리너는 화가 나서 그들에게 공개적인 사과를 요구하였다.

실제로 그들은 자신들이 장난을 쳤고, 완전한 바보천치가 아니면 자신들의 논문을 믿지 않을 것이라 생각했기 때문에 아무런 해를 끼치지 않았음을 확신한다는 글을 썼다. 그러나 문제는 많은 유명한 사람들이 이것이 장난인줄 몰랐다는 것이며 이 중에는 에너지 양자의 발견자 막스 플랑크(Max Flanck)도 있었다. 과학계의 유명인사인 그들을 바보천치라고 부르는 것은 모욕이었기에 그들이 쓴 해명기사는 출판되지 않았다. 그러나 이 사건은 신문에 보도되었다, 세 명의 저자들 중 벡이 유대인이고, 베테는 반(半)유대인이었기에, 신문에서는 유대인이 신성한 독일 과학을 더럽혔다고 박해를 하였다.

당연히 벡과 베테는 2년 후에 미국 대륙으로 도망갔다. 베테는 그 뒤에 미국에 정착했고, 그의 활동은 현재 잘 알려져 있다. 벡은 브라질로 가기로 결정하고 리스본에 가서 리오로 가는 배를 타기로 했으나, 다음 배를 타기까지는 몇 달을 기다려야 했다. 시간을 보내기 위하여 그는 오랜 전통을 가진 코임브라(Coimbra) 대학에 갔었다. 그 대학의 물리학에서 그에게 강의를 부탁했고 그는 기쁘게 응하였다. 배가 떠날 때쯤에 그는 주위사람들에게 마지막 인사를 했다. 그러나 배를 타기도 전에 그가 구속되는 일이 발생했다. 그의 동료 중 한 사람이 자신이 암살하려고 하는 300명의 포르투칼 공무원 이름을 기록한 암호 명부를 벡이 가지고 있다고 고발했고, 그 명부는 벡의 방에서 발견됐던 것이다.

경찰이 벡에게 그 명부를 보여주었을 때, 그는 그것이 보어와 함께 연구했던 코펜하겐에 있는 전설적인 음식점 Oscar Davidsen의 300가지 스뫼레브뢰드(smorrebrods) 식단임을 깨달았다. 벡은 항의했고, 경찰은 그의 주장을 확인하기 위해 코펜하겐에 있는 포르투칼 대사관에 이 식단의 사본을 구해줄 것을 요구했다. 이를 확인하는데 약 4주가 걸렸고, 벡이 타기로 한 배는 리스본 항구를 떠나버린 뒤였다. 그래서 벡은 코임브라 대학에서 그의 강의를 마저 끝냈다. 그리고 그들은 그가 떠나도록 해주었다.

Touschek와 벡의 고무적인 방문들 이외에도 "다른 종류"의 재미있는 방문객들이 우리를 찾아왔다. 1960년에 남미의 한 수도사가 비엔나의 이론 물리 연구소에 나타났다. 그는 모든 것에 대한 궁극적 이론을 가지고 있다고 주장하고 선교사의 사명으로 이 지식을 널리 알리기 위해 세계 일주를 한다고 했다. 그는 학생들에게 그 이론을 말하는 대신 교수, 즉 월터 티링(Walter Thirring)이 학생들에게 설명해 주기를 요청했다. 종교단체에서 흔히 그렇듯 최후의 진실을 티링에게 설명하기 전에 그가 그럴 자격이 있는 사람인지 시험을 통과해야 한다고 했다. 수도사는 티링에게 이 시험을 치게 했다. 나의 옛 교수님은 일부러 이 시험에 떨어졌고, 그가 이야기하던 최후의 진실을 듣지 않고 이 방문객을 쫓아낼 수 있었다.

생각보다 더 자주 이상한 괴짜들이 과학자들을 찾아온다. 이런 사람들을 처리하는 중요한 방법은 절대로 이들의 토론에 말려들어가지 않는 것이다. 왜냐하면 일단 토론을 시작하면 끝이 나지 않기 때문이다. 또 다른 유용한 비결 중 하나는 그 괴짜들에게 당신이 그들의 숨은 진실을 알아듣기 위한 전문 지식을 가지고 있지 않다는 것을 납득시키는 것이다.

또 다른 방법이 있다. 한때 괴짜가 모스크바 대학의 보골류보프(N. N. Bogoliubov)를 찾았다. 그 때 보골퓨보프가 말하기를 "불행하게도 나는 당신과 토론 할 자격이 없다. 하지만 미국에서 온 레프 란다우가 비슷한 문제를 연구하고 있다. 그야 말로 당신이 찾던 사람이다."고 얘기했다. 분명히 이 두 교수는 친밀한 관계가 아니었음에 틀림없다.

언젠가 티링이 자리에 없었을 때 비엔나에 있는 이란 대사관에서 흥분된 두 사람이 연구소로 왔다. 티링의 조수 쿠어트 바우만(Kurt Baumann)과 나는 그들을 맞이해야 했다. 한 사람이 고개를 끄떡거리고 있는 동안 다른 한 사람은 흥미롭게 그들의 발견을 우리들에게 이야기했다. 결국 그들은 시간이 존재하지 않는다는 것을 발견했다고 했다. 그들의 증명은 아주 간단했다. "내가 이것을 말했을 때는 지금은 이미 지나 버렸다. 그러므로 증명 끝." 그들은 우리가 이것이 중요한 발견이라는 것에 동의하는지, 그리고 이것으로 무엇을 해야 하는지를 물었다. 우리는 그들의 발견이 중요하다고 말하고 이것으로 많은 돈을 벌 수 있을 것이라고 제의했다. 이것은 효과가 있었고 그들은 기분이 좋아져서 돌아갔다.

제 20 장

유머 감각의 중요성

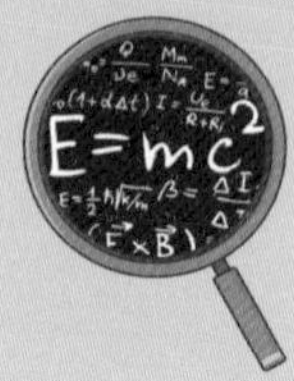

a passion for discovery

제 20 장. 유머 감각의 중요성

1929년 3월, 26살이 된 프리츠 후터만스(Fritz Houtermans)가 별들이 반짝이는 밤 그가 두 번 결혼한 젊은 여자와 괴팅겐의 거리를 걷고 있었다. 그들은 약혼을 앞두고 감정에 젖은 대화를 나누었다.

“오늘밤 별들이 더 아름답지 않은가?”라며 여인이 시작했다.

후터만스는 연애소설에서 나오는 대답 대신에 “나는 그들이 왜 반짝이는지 어제부터 알고 있었다”라고 답했다. 실제로 그는 별에서 오는 빛들이 별 안에서 일어나는 핵반응의 결과라는 것을 맨 먼저 이해한 사람이었다. 그는 이 반응을 위해 열 핵반응이라는 표현을 만들어낸 사람이었다.

이 이론을 실험하기 위해 별에서 어떤 핵반응이 일어나는지를 알아내는 중요한 문제가 남아있었는데, 이 문제는 1967년 노벨상을 받은 한스 베테의 1939년 논문에 의해 완전히 해결되었다. 베테의 노벨상 강의에서 그는 제일 먼저 후터만스의 연구를 설명하기 시작했다.

이 중요한 발견을 한 후, 겨우 4년 지났을 때 후터만스는 두 가지 이유로 독일에서 도망해야 했다. 그의 1/4은 유대인이었고, 그는 공산당의 회원이었다. 그는 괴팅겐에서 함께 산책하였고, 이제는 그의 아내가 된 샬롯(Charlotte)과 영국으로 떠났다. 그는 결국 런던 교외에 있는 작은 실험실에서 일하게 되었으며 거기서 그는 거의 레이저를 발견할 뻔 했다. 그의 이론은 옳았으나 실험적 뒷받침을 할 수 없었기에 그의 연구는 실패했다. 더구나 그는 영국 음식을 싫어하기까지 했다. 1935년 후터만스는 우크라이나에 있는 하르키우 연구소(Kharkov Physico-Technical Institute)에서의 임명을 받아들이기로 결정했다. 그 당시에 하르키우 연구소는 소련 제일의 물리학 연구소였고, 란다우가 그곳에 교수로 있었다. 후터만스는 발렌틴 포민(Valentin Fomin)과 성공적으로 공동 연구를 시작했으나, 1937년 모든 것이 종결되었다. 스탈린주의자들이 자행하고 있는 숙청에 대한 공포가 연구소를 뒤덮었고, 후터만스도 구속되었다. 포민은 자살을 함으로써 구속을 "피하였다." 내무인민위원회(NKVD)는 후터만스를 고문했다. 그들은 그를 벽에서 4~5피트 떨어지게 하여 손끝으로 벽에 기대 서 있게 했다. 이것은 아주 고통스러운 고문이었고, 그 누구든지 스스로를 독일 간첩이라고 자백하할 수 밖에 없었다. 그는 소련 비행기의 속도를 측량하기 위한 기구를 만들었다고 했으며, 그것을 이용한 측량 결과들을 두 명의 독일 장교에게 넘겨주었다고 자백했다.

굴라크(Gulag)에 있는 동안 후터만스는 "실험실 없이 할 수 있는 유일한 과학"인 정수론을 연구하며 정신을 놓지 않았다. 전쟁 후 에미 뇌터의 학생인 바르털 판 데르 바이던(Bartel van der Waerden)은 후터만스에게 그의 정수론 결과를 출판 할 것을 제의했으나 그는 거절했다. 굴라크에서 그는 에미 뇌터의 남동생이자 유명한 수학자인 프리츠 뇌터(Fritz Noether)를 만났다. 그의 공산주의 경향 때문에 누나를 따라 미국에 가는 것 대신에 소련행을 택했으나 이 결정으로 큰 희생을 치렀다. 긴 고문 끝에 프리츠 뇌터는 소련 해군을 염탐했다고 자백했고 25년의 징역형을 받게 되었다.

샬롯 후터만스(Charlotte Houtermans)와 그녀의 두 아이들은 소련에서 탈출해 미국으로 갔다. 거기서 그녀는 남편의 석방을 위해 베리야(Beria)와 스탈린(Stalin)에게 탄원서를 보내는 운동을 조직했다.

1940년에 독일과 소련 사이의 몰로토프-리벤트로프 협정(Molotov-Ribbentrop Pact) 결과로, 서류상으로 나치 시민이었던 후터만스는 게슈타포(Gestapo)에게 넘겨졌고, 3개월 후에 노벨상 수상자인 막스 폰 라우에(Max von Laue)의 적극적인 개입으로 석방되었다. 1941년 폰 라우에는 만프레트 폰 아르데네(M-anfred von Ardenne)가 이끄는 개인 연구소에 후터만스의 직장을 구해주었다. 만프레트 폰 아르데네는 스스로 핵폭탄을 만들려고 시도한 부유한 과학 옹호론자였고, 전쟁 후에 그는 "전문 지식"을 이용하여 동구권 최고의 과학 직책으로 승진한 사람이었다. 이런 상황 속에서 후터만스는 핵무기를 만드는 데에 필요한 플루토늄의 역할을 발견해 냈다. 그는 이 발견에 대해 미국에 있는 페르미에게 "서둘러라, 우리는 단서를 잡았어"라고 소식을 전하기도 했다.

1945년에 "담배 스캔들"의 결과로 만프레트 폰 아르데네는 후터만스를 파면시켰다. 그 당시에 담배는 아주 귀한 물품이었다. 줄담배를 피는 후터만스는 최고의 담배 제조업자에게 마케도니아 담배를 요구하는 공식 편지를 보냈다. 그는 이 담배에서 그의 연구(원자폭탄을 만드는 연구)에 필요한 중수를 추출할 수 있다는 엉터리 주장을 했다. 그리고 담배를 받아서 피웠고, 두 번째 담배 소포가 배달되었다. 그러나 이것은 결국 들통나게 되었고, 결국 그의 파면으로 결말이 났다. 전쟁이 끝난 후 그는 미국 군인들이 피우다 버린 담배 꽁초를 주워 피면서 거리를 방황했다.

전쟁 후에 세상이 정상을 되찾기 시작하자, 괴팅겐의 한 공무원이 "죄송합니다, 당신은 누구시며 여기서 무엇을 하십니까?"라고 그에게 물었다.

후터만스는 대답하기를 "이것을 설명하기 위해서는 이 이야기를 해주는 것이 제일 나을 것 같다. 한 작은 유대인 노인이 그가 제일 좋아하는 담배 가게에 매일 가서 담배를 사고 거기서 한동안 머뭇거렸다. 일년 후에 담배 가게 주인이 그에게 묻기를,

'죄송합니다, 당신은 누구며 여기서 무엇을 합니까?' 라고 물었고,

그 작은 유대인 노인은 '그것도 몰라요? 나는 매일 당신 가게에 와서 담배를 사고 한동안 머뭇거린 그 작은 유대인 노인이오.' 라고 대답했다"고 얘기해 주었다.

전쟁 끝 무렵에 독일에는 담배뿐 아니라 연료도 몹시 귀했다. 이 문제를 해결하기 위해 후터만스는 만약 지금부터 모든 영국 비행기들이 영국을 폭격하고, 모든 독일 비행기들이 독일을 폭격하면, 도버 해협을 건너는데 필요한 연료들을 절약할 수 있다고 제안했다.

전쟁 직후 식량 부족에 대해서도, 별들을 빛나게 하는 탄소 순환 반응을 발견한 후터만스는 단순한 해결책을 내놓았다. 혈액 부족도 심했고 혈액 은행들은 큼직한 순대를 주는 댓가로 혈액 기부자들을 모으려고 노력하고 있었다. 그래서 그는 순대 순환이론을 제안했다. 'A는 B에게 혈액을 주고 순대를 받아먹고, B는 C에게 혈액을 주고 순대를 먹고, 마지막으로 C는 A에게 혈액을 주고 순대를 먹는다. 그러면 A, B, C는 아무런 혈액 손실이 없게 되고 모두는 맛있는 순대를 먹을 것이다.'

그 사람은 유머 감각이 있는 사람이었다. 독일 변두리에 있는 댄지그(Danzig)에서 태어났지만 후터만스는 비엔나에서 자라면서 날카롭고 지독한 유머로 유명한 비엔나의 유머를 숙달했다. 그가 감당해야 했던 극적인 사건들을 생각할 때, 이러한 유머 감각은 그에게 많은 도움이 되었고 그의 삶의 보호자였다.

그리고 나서는 괴팅겐의 물리학 박사 샬롯과의 결혼이 있었다. 1930년 그들은 오데사(Odessa)에서 개최된 학회에 참석했고 학회가 끝난 후 카우카소스(Caucasus)로 여행을 갔다. 거기서 볼프강 파울리를 증인으로 하여 그들은 결혼을 했다. 베를린에 돌아온 후 그들은 물리학계의 중심에 있었다. 그들은 종종 'Eine

Kleine Nautphysik'라는 이름의 파티를 열었다. 그 파티에서는 물리, 예술, 정치 등이 토론되었고 독한 술이 많이 소비되었다. 전쟁 중 두 배우자는 다른 대륙에 있었고 결혼은 깨졌다. 후터만스는 다른 여자와 결혼했는데, 그녀는 그를 버리고 유명한 핵 이론 학자 오토 학셀(Otto Haxel)에게 갔다. 그 후 1953년에 후터만스는 샬롯과 다시 결혼했다. 그러나 그것은 오래가지 않았고 그는 네 번째 결혼을 했다.

1953년 후터만스는 스위스에 있는 베른(Berne) 대학의 교수로 임명되었다. 베른 대학은 약간 시골 느낌이 나는 곳이었다. 그는 대학의 실험실을 현대화시켰고 최고의 젊은이들, 특히 월터 티링을 끌어들였다.

그는 부끄러울 정도로 운전 사고를 많이 냈다. 그의 운전 면허증은 취소되었고, 자기 차만 운전할 수 있는 특별 면허증이 그에게 주어졌다. 그는 그의 차를 고치지 않았고 얼마 후에 그의 차는 오로지 우회전만 가능하게 됐다. 그가 사람들을 초청해 호텔에 데려다 줄 때는 좌회전을 할 수 없는 그 차 때문에 어쩔 수 없이 먼 거리를 돌아서 가야하는 경우도 있었다.

좋은 담배를 사기 위해 가게에서 기다리는 즐거움도 있지만, 줄담배를 피우는 것은 안좋은 점을 가지고 있다. 계속되는 흡연은 폐를 파괴시킨다. 핵반응이 별들에게 연료를 제공한다는 것을 가장 먼저 알아 낸 후터만스도 이것은 피할 수 없었다. 1966년 후터만스의 폐가 작동을 멈추었다.

제 21 장

소련 방식

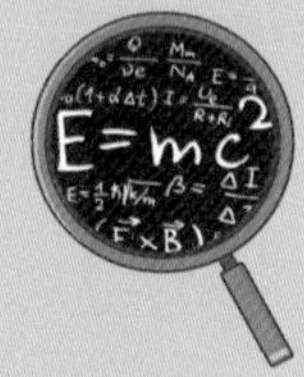

a passion for discovery

제 21 장. 소련 방식

소련 연합의 공산주의자들과 독일의 나치들은 그들의 통제를 받고 있었던 과학자들에게 불행하게도 큰 아픔과 어려움을 주었다. 이들 독재 정권 중, 소련 연방 만이 결국 붕괴되기는 했지만, 물리학의 역사에 상당한 영향을 줄 정도로 오랫동안 존재했다. 주목할 만하게도 소련 연방이 유지되었던 70여년의 기간은 물리학계에 뚜렷한 소련 방식을 형성하기에 충분했다. 소련 통치자들이 의도적으로 한 것은 아니었으나 이것은 진정으로 유익한 발전이었다.

레프 란다우(Lev Davidovich Landau)가 그것에 결정적인 역할을 했다. 그는 소련 물리학계의 거목으로서 그의 연구 방식은 모든 소련 물리학계뿐만 아니라 수학계에서도 모방을 했다. 그의 특이한 성격은 그가 살았던 불합리한 시대만큼 이상했으며 란다우는 철저하게 어려운 사람이었다. 그는 이것을 알고 있었으며 "란다우를 조심할 것, 물어뜯길 수 있음"이라고 써서 그의 사무실 문에 붙여놓았다.

란다우가 있는 곳이면 어디든지 소련 이론물리의 중심이 되었다. 처음에는 우크라이나의 하리코프에서 후터만스가 합류하였고, 나중에는 모스크바가 중심이 되었다. 그는 여러 총명한 학생들을 곁에 두었으며 그들과 같이 여러 방향의 연구를 추구하였다. 란다우가 기본적인 공헌을 하지 않은 물리학 분야가 거의 없다고 말하는 것은 과언이 아닐 것이다.

양자역학의 초기에 란다우는 코펜하겐에 있었고 온 세계의 극찬을 받았다. 언뜻 보기에 그는 논문 쓰는 것에 혐오감을 갖고 있었던 것처럼 보였다. 그래서 그는 그의 동료들에게 자신의 연구에 대해 강의를 하고, 동료들은 그 강의 노트로부터 그가 출판할 논문을 썼다. 리프쉬츠(E. M. Lifshitz)는 그의 뛰어난 이론 물리학 논문들의 공동 저자였다. 사람들은 이 많은 논문집에 란다우 본인은 한 글자도 쓰지 않았으며 리프쉬츠는 하나의 개념도 공헌하지 않았다고 자주 말한다. 리프쉬츠 또한 스스로 몇 개의 훌륭한 연구를 했으므로 그것은 분명히 과장일 것이다.

란다우는 이론 물리학자를 4등급으로 구분했다. 최고등급은 삼각형이었다. 중요한 새로운 개념들을 제안할 능력이 있어 꼭대기는 뾰족하며, 동시에 이념을 발전시키는데 필요한 모든 기술에 숙달할 수 있는 튼튼한 밑바탕을 가진 자이다. 그 다음은 다이아몬드 형이다. 역시 새 개념들을 창조하는 뾰족한 꼭대기는 있으나 이들을 완전히 개발할 수 있는 체력과 기술적 능력이 모자라는 사람이다. 그 다음에는 사각형이다. 훌륭한 개념을 창조하는 사람은 아니나 이미 알려져 있는 이념을 발달시킬 수 있는 능력을 가진 자이다. 란다우 등급의 제일 하단은 거꾸로 된 삼각형이다. 이념을 제공할 능력도 없고, 체력도 기술도 없는 사람이다. 물리학자들을 등급별로 구분하기 위하여 그는 이들에게 점수를 매겼다. 아인슈타인이 특별히 높은 점수를 받았고, 하이젠베르크, 디랙 그리고 몇 사람이 그 다음 점수를 받았다. 노벨상을 받은 초전도성 이론을 제안했을 때 란다우는 그 자신을 이 등급에 포함시켰다.

그는 하리코프 연구소서 스탈린 주의자들의 숙청을 겨우 모면하고 모스크바로 옮겨 갔으나 비극은 그를 수도까지 쫓아왔다. 란다우는 구속되었고 일년동안 악명 높은 루비안카(Lyubyanka) 감옥에 수감되었다. 그 감옥 안에서의 유명한 일화가 있다. 감옥 안에서 란다우가 깊은 생각에 잠겨 천천히 왔다갔다 하며 걷고 있었을 때, 교도소 간수가 그에게,

"왜 왔다갔다 하느냐?"고 물었다.

"생각하고 있기 때문이다."고 그는 대답했다.

"일을 해라! 생각을 하지 말고!"라며 간수가 그를 훈계했다.

이 투옥은 그에게 지독히 곤혹스러운 경험이었다는 것이 충분히 이해된다. 이것 때문에 란다우는 이후에 소련의 핵무기 제조 노력에 대해 감히 스탈린의 명령을 거절하지 못하게 된다.

전쟁 후에 그가 서방 나라를 방문하는 것이 금지되었다. 그들은 그의 부인을 볼모로 잡아두려 했으나 이것은 그에게 망명할 또 하나의 동기를 제공했다. 1962년 교통사고로 인해 심한 뇌손상을 입은 후, 그는 더 이상 읽을 수 없었고 부인이 앞에 갖다놓는 종이에 서명만 했다. 1960년 경에 메디슨 광장에서 소련 유대

인들을 지지하는 큰 집회가 있었다. 그 다음날 란다우가 서명한 편지와 그 당시에 잘 알려진 소련 경제학자 리베르만(Yevsey Liberman)이 New York Times 기사로 나왔다. 그들은 유대인이었지만, 소련에서 완전한 자유와 그들의 연구를 계속할 수 있는 아주 좋은 환경을 누리고 있다고 주장했다. 그 당시에 란다우는 더 이상 연구를 하지 않고 있었다. 이것을 그대로 둘 수 없다고 생각한 찬드라세카르(Chandrasekhar)를 포함한 몇몇 미국 과학자들은 소련 정부에 란다우가 그런 편지를 보내도록 조종하지 말고 서방 나라를 방문할 수 있도록 허가하라고 요구했다.

서양에서 보통 한 시간 정도 진행되는 물리학 세미나와는 달리 란다우의 세미나는 몇 시간 동안 계속되었다. 세미나는 주로 모든 사람이 참가하는 자유로운 토론과 란다우의 신랄한 풍자로 이어 졌다. 그들은 서양 물리 논문집을 이용할 수 있었으나 서양 학자들과 독립적으로 연구했다. 그래서 그들은 서양식의 선입관 없이 문제를 관찰할 수 있었고, 이것은 서양에서 개척되지 않은 새로운 방향으로 그들을 이끌었다. 서양이 소련에서 개발된 이 놀랍고 새로운 방향을 이해하는 데는 몇 년이 걸렸다. 초전도성을 보면, 란다우와 긴즈부르크(Ginzburg)가 간단한 이론을 1950년에 발표했는데 서양은 이 이론을 별로 중요하게 생각하지 않았다. 초전도성은 일리노이(Illinois) 대학의 바딘(Bardeen), 쿠퍼(Cooper), 슈리퍼(Schrieffer)가 1957년 "제 1원리 (first principles)"에 기초한 자신들의 이론을 발표하면서 이해되었다고 생각했다. 이 이론으로 그들은 1972년에 노벨상을 받았다. 그러나 1972년에 란다우의 공동 연구자 고르코프(Gor'kov)가 바딘-쿠퍼-슈리퍼의 이론은 란다우-긴즈부르크의 이론과 같으며 더 간

편하게 초전도성을 이해하는 방법이라는 것을 증명했다. 이 이론을 만든지 53년 후인 2003년에 긴즈부르크는 노벨상을 받았다. 이때 란다우는 고인이었으나, 그는 이미 1962년에 초유동체에 관한 연구로 노벨상을 받았었다. 놀랍게도 이들의 개념들은 난부와 골드스톤 등의 다른 학자들에 의하여 고체 물리학 분야로부터 입자 물리학으로 이동했고 오늘날까지도 잘 이용되고 있다.

소련 학자들이 문제해결에 완전히 새로운 길을 제공한 다른 여러 예시가 많다. 만약 우리가 문제를 해결하는 방법을 생각보다 많이 알 수 있다면 물리학은 많이 발전할 것이다. 이를 위해서는 독립적인 두 개의 뛰어난 단체(서양과 소련에 각각 하나씩)의 노력이 필수적이다. 무산계급의 독재가 두 단체를 서로 독립적으로 만들었으나, 이 독재는 소련 연방의 몰락과 함께 붕괴되었으며 소련 최고의 물리학자와 수학자들이 서양으로 이동하였다. 이것은 서양 물리학계와 수학계를 상당히 튼튼하게 하는 한편, 슬프게도 소련 과학계에는 참극를 불러오는 타격을 가하였다. 그런데 일단 서양에 와서는 이들 소련 학자들은 서양 유행으로부터 더 이상 독립적이 될 수 없었으며 소련 과학의 특징적이었던 대안적 연구 방법은 냉전 시대의 사치에 불과하게 되었다. 돌이켜 보건대 냉전같이 상처 깊은 역사적 사건도 몇 개의 도움이 되는 결과를 가져왔다는 것은 참 아이러니하다.

이것은 과학 분야에만 한정된 것이 아니었다. 음악 분야를 생각해 보자. 서양의 작곡가들은 제 2 비엔나 학파의 가르침을 따랐으나, 소련의 대안은 프로코피예프(Prokofiev), 쇼스타코비치(Scho-stakovich), 시닛케(Schnittke)와 같은 작곡가들에 의하여 제공되었다. 만약 소련의 공산주의 독재 하에서 이들이 겪었던 어려움이 없었다면 쇼스타코비치가 말러(Mahler) 대신 다른 사람들과 똑같이 쇤베르크(Schoenberg)의 뒤를 따라갔을 것인가? 만델스탐(Ossip Mandelstam), 안나 아흐마토바(Anna Akhmato-va), 보리스 파스테르나크(Boris Pasternak) 등을 생각해 보면 문학에서도 같은 양식을 보여준다.

물리학, 수학, 음악과 시는 추상적이고 그래서 엄격한 규정에 따르지 않는다. 그러나 소설이나 그림에서 작품은 대중을 위한 것이다. 그러므로 스탈린과 공산주의자들이 이 분야에 더 많은 손해를 본 것도 놀라운 사실이 아니다.

제 22 장

찬드라(Chandra), 열정적인 캠브리지(Cambridge) 신사

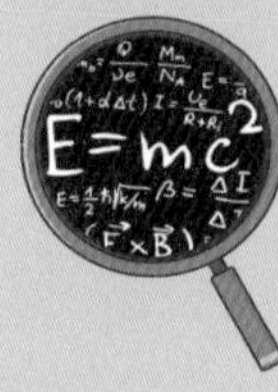

a passion for discovery

제 22 장. 찬드라(Chandra), 열정적인 캠브리지(Cambridge) 신사

베테와 벡, 그리고 리츨러(Riezler)에 의해 웃음거리가 되었던 아서 에딩턴(Sir Arthur Eddington)을 그의 노년기에 있었던 실수만으로 판단한다는 것은 공평하지 않다. 아서 경은 훌륭한 천체 물리학자였다. 그는 아인슈타인의 일반 상대론에 의해 예측되었던 빛의 굴절을 실험으로 확인한 최초의 물리학자다. 그의 항성 진화에 관한 연구도 매우 중요한 것이었다. 그럼에도 후에 찬드라가 노벨상을 받도록 해준 바로 그 연구를 싫어해, 젊은 수브라마니안 찬드라세카르(Subramanyan Chandrasekhar)를 유럽에서 쫓아낸 사람이 바로 아서 경이었다. 아서 경은 그 연구결과를 정말 받아들일 수 없었고 믿을 수 없었기 때문에 자기의 신념에 따라 그렇게 행동했던 것이다.

1930년도 초에 찬드라는 캠브리지 대학원 학생이었다. 그의 지도 교수 파울러(R. H, Fowler)는 양자론이 항성 진화의 문제에 관계가 있다는 것을 깨달은 첫 물리학자였다. 찬드라는 파울러가 연구한 별들의 질량이 아주 커진다면 그 속의 전자들은 빛에 가까운 속도로 움직이며, 이 경우에 아인슈타인의 특수 상대론을 고려해야 된다는 것을 깨달았다. 그는 파울러의 연구를 다시 해보았고, 놀랍게도 찬드라는 별들의 질량이 어느 한계(찬드라세카르 한계)에 다다르면 파울러가 예측한 진화를 하지 못한다는 사실을 발견했다.

에딩턴은 이 연구에 관심이 있었고, 매일 찬드라를 찾아와 이것에 관해 이야기 나누었다. 에딩턴은 만약 찬드라가 옳다면 그러한 별들은 중력의 붕괴를 경험할 것이고, 그 후에는 블랙홀이라고 하는 이상한 물체가 된다는 것을 깨달았다. 블랙홀은 대단히 이상한 특성을 가지고 있었다. 예를 들면 관찰자가 블랙홀에 아주 가까이 가게 되면 더 이상 외부와는 통신을 할 수 없다. 에딩턴은 정말 이러한 블랙홀이 존재한다는 것을 받아들일 수가 없었다. 디랙과 파울러 둘 다 찬드라가 옳다고 했지만 에딩턴은 이 대학원 학생이 틀렸다고 믿기로 결정했다. 그런데 이 모든 결론은 이제 막 6년 밖에 안 된 양자론에서 나왔다. 그래서 에딩턴은 양자론 자체가 잘못되었을 가능성도 있다고 생각했다.

불행하게도 아서 경이 이 문제를 처리하기 위해 선택한 방법은 공정하지 못했다. 찬드라는 그의 이론을 런던의 왕립학회에 발표하기로 예정되어 있었으나 그 격식있는 학회의 원로 회원인 아서 공은 찬드라에게 알리지 않고 자기의 발표를 찬드라의 발표 바로 뒤에 하기로 회장과 합의하고, 정신 나간 사람처럼 악의적으로 찬드라를 공격하기 시작했다. 21살의 찬드라는 자신의 이론을 변호하려고 했으나 아서 경은 "너는 이 문제를 별들의 관점에서 보지만 나는 자연의 관점에서 본다"고 이야기하며 오만하게 그를 무시했다.

그 후로 상황은 더 나빠졌다. 찬드라는 파리에서 열린 중요한 국제 학회에서 이 결과를 발표하기로 되어 있었는데, 그가 도착했을 때 주최자들은 그에게 발표를 최소화해 달라고 했다. 그들은 말하기를 "아서 경이 여기 있어. 우리는 이 학회를 망치고 싶지 않아."

찬드라는 유럽에서는 장래가 없다는 것을 알았고, 시카고 대학에 가기로 현명한 결정을 했다. 시간이 흐른 뒤, 찬드라의 1931년 연구결과는 옳다는 것이 분명해졌고 그는 이 이론으로 1983년 노벨상을 받게 되었다. 이것으로 찬드라는 노벨상을 받은 두 번째 인도 물리학자가 되었다. 첫째는 1930년에 상을 받은 그의 삼촌 벵카타 라만(Venkata Raman)이었다.

몇 년이 지난 후 전쟁 중에 찬드라와 아서 경은 화해했고, 찬드라는 정말 훌륭하게 행동했다. 아서 경이 블랙홀의 개념을 받아들이지는 않았지만 찬드라는 블랙홀의 진정한 의미를 맨 먼저 안 사람이라는 명예를 에딩턴에게 줄 것을 주장했다.

나는 시카고 대학에서 찬드라를 거의 매달 한 번 정도 만나 물리, 정치, 개인 문제 등을 이야기했다. 겉으로는 매우 격식을 차리지만 실제 찬드라는 대단히 스스럼없는 친구였다. 그가 나에게 에딩턴 사건을 처음으로 솔직히 말하기까지는 15년이 걸렸다. 그의 이야기는 나에게는 충격적인 것이었다.

찬드라는 두 가지 면을 가지고 있었다. 한편으로 그는 열정적인 사람이었다. 물리를 이야기할 때 그의 눈은 빛났고 활기를 띠었다. 다른 한편으로 그는 이상적인 영국 신사에 가까워지려고 노력하고 있었다. 찬드라는 캠브리지 학생 시절을 회상하는 것을 즐겼다. 그가 좋아하는 이야기 중의 하나는 폴 디랙에 관한 것이었다. 포스터(E. M. Forster)의 'A Passage to India'를 읽은 후 디랙은 학교에서 그 유명한 소설가를 우연히 만났다. 그는 묻기를 "마라바의 동굴(Marabar cave)에서 정말로 무슨 일이 일어났느냐?"

"미안하지만 나도 모른다."가 유명한 저자의 답이었다고 한다.

찬드라가 학생이었을 당시 캠브리지 대학의 교수였던 영국 우주론 물리학자 밀네(E. A. Milne)에 대해서 이야기를 해주었다. 어느 날 찬드라는 우연히 밀네(Milne)의 사무실을 옆을 지나가다가 안을 들여다보았다. 밀네는 4개의 이름을 써놓은 칠판 앞에 몰두하며 서있었다. 그 칠판에는 뉴턴(Newton), 멕스웰(Maxwell), 아인슈타인(Einstein), 밀네(Milne)의 이름이 적혀있었다.

"어떻게 그는 그런 것을 상상할 수 있어? 슬프지 않아?" 찬드라가 나에게 물었다.

여러해 동안 찬드라는 시카고 대학 출판사가 출판하는 세계 일류의 천체 물리학회지 'The Astrophysical Journal'의 편집자였다. 카터 대통령 재임 기간 중 국세청에서 한 여자가 그 학회지의 탈세에 관한 질문을 하기 위해 교정에 나타났다. 그녀의 주장은 "사람들이 점성학 잡지를 대형 마켓에서 사면 세금을 내는데 왜 천체 물리학 회지는 세금을 내지 않는가"였다. 학회지 직원들은 그녀에게 점성학과 천체 물리학은 같은 것이 아니라는 것을 설명하려고 애썼다. 그러나 이 세무직원은 점성학과 천체 물리학은 같은 것이 아니라는 것을 이해하지 못했다. 결국 이 문제는 법정에 가게 되었고 대학이 이기긴 했으나 변호사들에게 상당한 보수를 주어야 했다. 그는 바로 옆에서 일어난 이 부조리한 사건에 대해 크게 웃었지만 많이 분노했다.

찬드라는 음악을 좋아했다. 그의 부인 랄리사(Lalitha)는 인도 노래를 아름답게 불렀고, 찬드라는 서양 음악도 좋아했다. 그는 특히 베토벤(Beethoven)의 현악 4중주를 좋아했으며, 그가 생의 마지막에 너무나 독창적인 것을 창작할 수 있었다는 것에 호기심이 많았다. 1975년 공개 강연(Ryerson lecture)에서 그는 과학적 창의력과 예술적 창의력의 차이를 논했는데, 예술적 창의력은 나이가 들면서 더 익어가지만 과학적 창의력은 중년 후에 점차 감소한다고 말했다.

음악에 대한 깊은 관심은 많은 물리학자와 수학자들이 공유한다. 막스 플랑크(Max Planck)와 베르너 하이젠베르크(Werner Heisenberg)는 작곡까지도 섭렵했던 나의 지도 교수 월터 티링(Walter Thirring)과 마찬가지로 숙달된 피아노 연주자였다. 유명한 미국 위상기하학자 마스턴 모스(Marston Morse)는 피아노 콘서트 연주자라는 평판을 받았으며, 유명한 대수학자 카플란스키(Irving Kaplansky)와 다른 여러 학자들과 마찬가지로 에드워드 텔러(Edward Teller)도 훌륭한 피아노 연주자였다. 그리고 유명한 바이올린 연주자 알버트 아인슈타인도 있다. 오페라 작곡가였던 존 이튼(John Eaton)은 그가 프린스턴에서 작곡을 공부하는 학생이었을 때 학교에서 그를 바이올린을 연주하는 물리학자와 협연시키기 위해 아인슈타인의 집으로 보낸 적이 있었다고 말했다. 그는 일단 알겠다고는 했지만, 아인슈타인이 완전 아마추어일 것이라고 생각하고 있었다고 했다. 그런데 놀랍게도 아인슈타인의 음악적 본능은 나무랄 데 없었고 어떻게 작품을 연주해야 하는지 충분히 알고 있었다. 만약 더 나은 기술만 잘 배웠다면 그는 진정으로 훌륭한 바이올린 연주자가 되었을 것이라고 했다.

훌륭한 소설가, 화가, 시인, 조각가들 중 이렇게 음악에 숙달된 사람은 드문 것 같다. 왜 수학자들과 이론 물리학자들이 음악의 매력에 빠지는가? 음악은 수학과 물리학처럼 풍부한 추상적 분위기를 갖고 있다. 음악은 고대 스리스 수학자 피타고라스(Pythagoras)로 거슬러 올라가는 정수론의 토대를 가지고 있기도 한다. 이 모든 것들이 사실이지만 나는 또 하나의 다른 이유가 있다고 생각한다. 수학자와 이론 물리학자들은 아주 아름다운 추상적 개념들을 취급한다. 이들의 창의적 과정은 대단히 감성적이며 실제로 정열적인 활동이다. 그럼에도 이들 감정과 열정은 필연적으로 마지막 작품(조심스럽고 냉정한 추리력으로 만들어진 과학 논문)에 감추어진다. 결국에는 이 깊은 감정을 표현하고 싶은 충동과 욕망이 남아있는데, 바로 음악이 이러한 욕망을 표출할 수 있는 이상적인 장소를 제공하는 것이다. 적극적으로 음악을 연주하든지 혹은 수동적으로 음악을 듣는 것은 자기의 감정이 넓은 들판을 자유롭게 방랑할 수 있는 기회를 제공하는 것이다.

찬드라는 7년마다 연구 분야를 완전히 바꾸었다. 그는 단순히 새로운 문제로 옮기는 것이 아니라 사랑에 빠진 젊은 연인의 열정으로 새로운 물리연구에 착수했다. 내가 시카고에 왔을 때 그는 막 일반 상대론 연구를 시작한 상태였다. 이 분야의 영웅은 아인슈타인이었고 영웅 숭배를 부끄러워하지 않았던 찬드라는 아인슈타인의 엄청난 숭배자였다. 그는 나의 사무실에 와서 아인슈타인이 가지고 있었던 더 없는 천재성에 관해 한참 동안 떠들곤 했다.

그러나 1987년에 이 모든 것이 변했다. 뉴턴의 유명한 저서 프린키피아(Principia) 출판 300주년 기념을 위해 찬드라는 이 뛰어난 책에 관해 글을 써달라는 초청을 받았다. 그는 그 책 전부를 읽고 싶지 않아서 그 안에 있는 가장 중요한 법칙들을 읽어 본 뒤 뉴턴의 미적분법으로 이 결과를 도출하기로 결정했다. 이 방식은 요즘 우수한 대학원 학생들이 종종 하는 방식이다. 요점을 읽고 이를 자기방식으로 증명한 후, 지도교수의 증명과 비교하는 방식이다. 그러나 놀랍게도 그의 증명 방식은 뉴턴이 한 것과 조금도 비슷하지 않았다. 호기심에서 찬드라는 프린키피아에 있는 증명들을 읽기 시작했다. 뉴턴이 미적분법을 발명했지만 이것을 이 책에서는 가능한 쓰지 않았으며, 대신 아주 직관적이고 재치있는 기하학으로 증명을 했다는 사실은 찬드라를 놀라게 했다. 갑자기 뉴턴은 찬드라의 새로운 영웅이 되었다.

찬드라는 이 기하학적 증명들은 아이작 경의 탁월한 천재성의 증명이라고 주장했다. 과학자로서 뉴턴은 그에 필적할 사람이 없다는 것을 의심할 여지가 없는 사람이었다. 아마도 그는 이 땅에 태어난 최고의 과학자일 것이다. 그럼에도 그가 이 책에서 기하학적 방법을 택한 이유는 현실적 이유도 있었을 것이다. 미적분은 그 당시에는 아직도 초기단계에 있었기 때문에, 프린키피아의 잠재적 독자들이 기하학을 잘 알고 있었다고 보기는 어렵다. 하지만 기하학적 증명은 독자들이 이 책을 쉽게 이해하도록 하는데 많은 효과가 있었을 것이다. 또한 뉴턴 자신도 직관적 기하학을 강조하는 "옛날" 수학의 전통 속에서 자랐다. 사람들은 가능하면 그들이 배웠던 방식으로 일들을 처리하는 경향이 있었기 때문에 기하학의 방식이 뉴턴에게 더 자연스러웠을지도 모른다. 마치 오늘날까지도 나의 어머니가 그녀가 옛날에 사용하던 다이얼 전화기를 쓰며 버튼식 전화기를 쓸 필요를 느끼지 못하는 것처럼 말이다.

내가 찬드라에게 이 점을 물었을 때 그는 완강히 부정하며 그것은 모두 뉴턴의 천재적 자질의 표현이라고 단호하게 이야기했다. 그리고는 뉴턴을 최고의 영웅으로 만들었고 더 이상 아인슈타인의 자리를 남겨두지 않았다. 갑자기 찬드라는 아인슈타인의 많은 결점을 발견하기 시작했다. 슈바르츠실트(Schwarzschild)가 한 것처럼, 아인슈타인도 일반 상대론을 발견한 후 태양의 중력장을 정확히 알아 낼 수 있었는데도 불구하고 근사값으로 계산해 버린 것을 그는 용납할 수 없었다. 사실 아인슈타인이 계산한 답은 정확하지 않았으나 천체 관측을 위해 충분했다. 그러나 뉴턴이 정확한 답을 놓칠 것이라고 그가 상상이나 하겠는가? 아인슈타인은 뉴턴과 같은 수학자도 아니었고 실험 물리학자도 아니었으므로 뉴턴과 같다고 보기 힘들다. 그러나 그들이 이론 물리학에 공헌한 바는 비슷하다.

찬드라는 실제로 아인슈타인을 공격하였고 아인슈타인를 방어하는 것이 나의 임무가 되었다. 나는 이 토론을 즐겼다. 토론은 열정적이고 논리적이었으며 우리의 우정을 해치지 않았다.

가끔 찬드라와 나는 정치적 문제에 견해가 달랐으며 특히 한 가지가 우리의 관계를 일시적으로 불편하게 했다. 그것은 1972년 대통령 선거와 관련된 것이었다. 찬드라는 큰 맥거번(Mcgovern) 버튼을 양복 옷깃에 달고 다녔다. 나는 그가 굉장히 독선적이라는 얘기를 많이 들었기에 그를 좋아하지 않았다. 반대로 나는 닉스(Nixon)–키신저(Kissenger) 외교정책이 내가 닉슨 대통령의 국내 정책을 싫어하는 것처럼 상상력 있는 이야기라고 보았다. 나는 닉슨의 목표가 후세에 자신의 이름을 훌륭한 대통령이라고 남기는 것이라면 후반기에 그는 "국내문제담당 키신저"도 데려올 것이라고 주장했다. 그러나 찬드라는 많은 동료와 함께 나의 주장이 어리석다고 했다. 선거가 시작되기 전, 여름에 찬드라는 내 사무실에 나타났다. 그는 뮌헨에서 하이젠베르크를 방문했다고 흥분하면서 말했다.

"하이젠베르크와 나는 닉슨에 관해 이야기 했는데, 그가 너와 같은 생각을 갖고 있다는 사실을 너는 기뻐해야 할거야." 그는 나를 비꼬며 반대논리를 폈다. "될 대로 되라지." 나는 그때 생각했다.

닉슨은 다시 당선되었고 키신저는 뛰어난 기자인 오리아나 팔라치(Oriana Fallaci)에게 기자 회견을 허락했다. 이 회견에서 키신저는 자기를 석양을 향하여 말을 타고 가는 외로운 목동에 비유했다. 나는 즉시 닉슨이 자기가 대부분의 공로를 독차지하기 위해 어떤 엉뚱한 일을 저지를까 걱정하기 시작했고, 아니나 다를까, 하노이(Hanoi)에 성탄절 폭격이 일어났다. 사실이든 아니든 나는 그것이 키신저의 팔라치와의 회견에 대한 닉슨의 반응이라 생각했다. 그 후 찬드라를 페르미 연구소 도서실에서 우연히 만났다.

"네가 닉슨에 대해 옳았다는 것을 인정한다. 이번 폭격은 야만적 행동이었어."

큰 미소가 찬드라의 얼굴에 나타났다. "나도 화가 나. 나는 이미 대통령을 견책하라고 상원에 보낼 편지를 썼어. 만약 네가 진정으로 그렇게 생각한다면 나와 함께 이 편지에 서명해."

우리의 편지는 그날 아침에 발송되었다. 상원 위원들 중 아무도 그를 견책하지는 않았으나 결국 이 상원 위원들은 워터게이트(Watergate) 사건을 숨기고 있었다. 그 사건이 TV 황금 시간에 보도됐을 때 나는 자유롭고 편안한 집 거실에서 이 보도를 즐겁게 보았다.

찬드라가 정년 퇴직을 했을 때 그가 태어난 인도로 돌아갈 생각이 있느냐고 물었다. 그는 그것이 도리에 맞지 않는다고 서슴없이 대답하였다. 그의 확신에 찬 대답에 나는 놀랐으며 이를 알아챈 그는 그의 유명한 캠브리지 동창생 코타리(D. S. Kothari)에 대한 이야기를 해줬다. 코타리는 직장 생활 초기에 인도로 돌아가서 최고의 물리학교를 세우는데 결정적인 공헌을 했다. 만약 코타리가 계속 해외에 계속 있었더라면 그는 과학자로서 더 많은 것을 성취하였을 것이다. 그러나 그는 돌아가야 한다는 것을 알고 있었다. 반대로 찬드라는 경영이나 조직 관리에 관심도 없고 특별한 재주도 없다는 것을 알았다. 이점에서는 그는 나처럼 조직 관리를 하는 과학자가 되고 싶지 않았던 것이다. 그의 단 하나의 의미있었던 선택은 그가 잘하는 것, 즉 연구를 하면서 시카고 대학에 머무르는 것이었다. 그러나 그는 철학적이 되면서 "장기적인 관점에서는 아마도 코타리의 공헌이 훨씬 더 중요할 것이야"라고 했다.

제 23 장

루마니아 수학의 발전과 쇠퇴

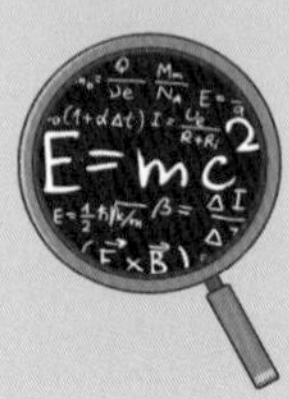

a passion for discovery

제 23 장. 루마니아 수학의 발전과 쇠퇴

인도의 과학계를 위한 코타리의 업적을 충분히 이해하기 위해서는 최근 루마니아의 과학계에, 더 정확하게 수학 분야에, 무슨 일들이 일어났는지 생각해 보아야 한다. 루마니아의 경우, 과학을 발전시키는 과정에 어떤 위험이 도사리고 있는지를 잘 보여준다.

인도와 마찬가지로 루마니아도 여러 공국들로 나누어져 있었고 식민 지배를 경험했었다. 그러나 인도의 경우에는 영국의 식민지 하에 있었고 그 기간이 약 100년 정도 계속 되었으나, 루마니아의 경우에는 터키의 식민지 하에서 몇 백 년을 지나왔다. 그리스나 다른 발칸 지역과 마찬가지로, 루마니아는 19세기 후반 빅토리아 여왕이 인도의 여왕이 될 때 독립되었다. 그때 좋은 의미의 문화 혁명이 루마니아에서 일어났다. 문학이 번성했고 음악과 예술이 뒤따랐다. 젊은 루마니아 사람들은 서양에서, 특히 프랑스와 이탈리아에서 공부했다. 그 결과 19세기 초기에 중요한 루마니아의 초대 수학자들, 즉 디미트리에(Dimitrie Pompeiu), 게오르게(Gheorghe Tzitzeica), 트라이안(Traian Lalescu) 등이 등장했으며, 이들은 다음 세대의 모범이 되었다. 다음 세대는 국제적으로 인정받은 네 사람, 잘 알려진 함수 이론가 시미온(Simion Stoïlow), 팔방미인 그레고리 모이실(Grigore C. Moisil), 기하학자 게오르게(Gheorghe Vrănceanu), 해석학자 Miron Nicolescu를 포함한다. 다시 말해 루마니아의 수학은 세계적 인지도를 높여갔고 빠르게 발전하였다.

그러나 역사는 반갑지 않은 놀라움을 되풀이했다. 인도는 독립을 지켰지만 루마니아는 달랐다. 독립한 후 100년이 못되어 소련의 식민지, 다시 말해, 연방국이 되었다. 공산주의 밑의 모스크바에서 "이상주의적"이라고 딱지를 붙인 몇 개의 분야는 금지되었지만 수학자들은 연구를 계속했다. 금지된 분야는 수학적 논리와 수학의 기초, 특히 기하학의 기초였다. 이 때문에 나의 교수 중 한 분이었던 이오시프 카우프만(Iosif Kaufman)은 기하학의 기초 강의에서 2000년 전에 있었던 유클리드 기하학만 가르쳐야 하는 난처한 입장이 되었다. 독일 힐베르트(Hilbert)가 발전시킨 최근 이론은 모스크바에서는 가르칠 수 없었던 것이다. 그래서 카우프만은 무엇을 했을까? 물론 그는 유클리드만 가르칠 수도 있었다. 그러나 그는 훨씬 창의적이었다. 유클리드의 확실한 철학적 자격을 칭찬한 후에 그는 학생들에게 이상주의자들과 제국주의자들이 마르크스주의(Marxism) – 레닌주의(Leninism) – 스탈린주의(Stalinism)에 먹칠을 하기 위한 악마 같은 계획을 세웠고, 머리 좋은 독일 수학자 힐베르트의 도움을 청했으며, 많은 보수를 받은 힐베르트는 유클리드의 마르크스주의 업적을 비난하는 엉터리 기하학 이론을 만들었다고 학생들에게 경고했다. 힐베르트의 연구는 너무나 교활하고 악마 같아서 젊은 루마니아의 수학도들이 장래에 훌륭한 공산주의자가 되기 위해서는 이 이론을 배워야 한다고 덧붙였다. 그리고는 힐베르트의 훌륭한 연구에 대하여 계속 강의했고, 마지막 강의에서는 학생들에게 이제 그의 이론을 알았으니 현혹되지 말라고 했다.

내가 부쿠레슈티(Bucharest)에 갈 때마다 모이실(Grigore C. Moisil)은 나를 자기 집으로 초대했고, 때때로 스승 역할을 하며 그가 예전에 앙카라(Ankara)에서 가지고 온 두 권의 책을 내게 주었다. 두 권 다 수학의 논리를 다루고 있었다. 한 권은 바로 힐베르트와 공동저자가 쓴 책이었으며, 다른 한 권인 'A System of Logistic'은 다른 사람이 아닌 하버드 대학교의 저명한 교수 윌러드 밴 오먼 콰인(Willard Van Orman Quine)이 쓴 책이었다. 모이실은 나에게 경고하기를 "이 책들을 잘 숨겨두어라. 만약 부주의로 이들이 발견되면, 네가 무엇 때문에 어디서 구했는지를 말하되 어떤 상황에서도 내가 주었다고 해서는 안 된다. 나와 약속할 수 있느냐?"고 물었고, 나는 약속했다. 그리곤 그 책들을 유용하게 사용했다.

비극적인 차우셰스쿠(Ceausescu)의 시대 이전인 1959년에 나는 루마니아를 떠났다. 루마니아에 있었던 수학의 문제는 차우셰스쿠 이전에 시작했으나, 그 독재자 밑에서 더 심각해졌다. 1961년 매우 재주있는 두 차세대 수학자들이 박사 학위를 받았고, 그는 이를 감사하기 위해 교수들을 부쿠레슈티(Bucharest)에 있는 음식점으로 초대했다. 모이실과 Stoïlow도 식사에 참석했다. 하지만 이들 둘은 사이가 좋지 않았다. 모이실은 수학 논리에 대한 그의 책에서 표현한 것처럼 정권에 대한 그의 경멸을 숨기지 않았다. 반대로 Stoïlow는 처음부터 공산주의자였다. 또한 그는 학생이 어려운 상황에 빠졌을 때 의지할 수 있는 대단히 인격을 갖춘 사람이었다. 둘 중에 더 유명한 Stoïlow는 루마니아 과학 한림

원의 수학 분과 위원장이 되었다. 그들의 정치적 노선 차이 외에도 모이실과 Stoïlow는 작은 연못 안에 있는 두 마리의 큰 물고기였고 개인적으로도 견해가 일치하지 않았다. 또 다른 차이가 있었다. 모이실은 술을 좋아했고 얼마 가지 않아서 이 식사에서 정치적으로 부적절한 말들을 떠들어댔다. Stoïlow는 만약 모이실이 이러한 행동을 계속한다면 그를 고발할 것이라고 분명히 얘기했다. 많은 참석자 수를 고려하건데, 그렇지 않으면 이 모임이 당에 보고되었을 때 그는 심각한 문제에 빠질 것이기 때문이다. 이미 완전히 취한 모이실은 그의 말을 듣지 않았고, 그래서 Stoïlow는 일어나서 나가버렸다. 다음날 모이실에게 경고했듯이 그는 그의 동료를 고발하기 위해 당 중앙 위원회로 갔다. 이것은 이 인격 있는 사람에게는 쉬운 일이 아니었고, 위원회로 향하는 계단에서 Stoïlow는 뇌졸중으로 쓰러졌다.

이러한 상황에서 모이실은 Stoïlow의 후계자로 수학분과 위원장으로 임명된다는 것은 분명히 가능성이 없었으며, 학술원 회원들은 친절하고 명랑하며 아주 잘생기고 여자들에게 인기 있는 Miron Nicolescu를 위원장으로 선출했다. 한때 Nicolescu는 티미쇼아라(Timisoara)에 있는 공과 대학에서 강의하기 위해 왔다. 그의 명성을 고려하여, 강의는 기계학과의 큰 강당에서 진행될 예정이었다. 보통 오후에 이 강당은 비어있었고, 학생들이 휴게실로 이용하곤 했다. Nicolescu의 청중은 많지 않았고 휴게실에 놀러온 학생들이 문을 열고 강사를 놀란 눈으로 쳐다본 후 그의 수식을 잠깐 쳐다보고는 문을 세게 닫으면서 떠났다. Nicolescu의 강의가 끝났을 때 세미나의 회장은 Nicolescu와 함께 온, 그의 추천을 받은 여자 연사에게 발표할 기회를 주었다. 그 여자는 천문학자였다. 그녀는 대단히 젊었고 아름답고 멋지게, 그러나 좀 야하게 화장하고 있었다. 그녀는 대략 열 개 정도의 팔찌를 끼고, 목걸이, 긴 손가락에는 반지들을, 그리고 손톱은 심홍색으로 치장했다. 일반적으로 과학은 남자 영역이었던 루마니아에 그녀의 출현은 상당한 소동을 일으켰다. 쉬려고 온 학생들은 학술원 회원이 강의할 때처럼 놀라서 물러서지 않고 강당에 머물렀고 돌아갔던 학생들은 세계 제 8의 불가사의를 보기 원하는 친구들과 함께 되돌아왔다. 강의실은 꽉 찼으며 강의가 끝났을 때 큰 박수와 시끄러운 환호가 뒤따랐다.

루마니아 학술원의 수학 분과위원장인 Nicolescu는 곧 학술원의 총 회장이 되었고, 1966년 차우셰스쿠 시대가 시작되었다. "위대한 지도자"의 세 자녀들 중 딸 조(Zoe)는 수학자였고 그의 아들 발렌틴(Valentin)은 물리학자였다. 1970년 중반의 어느 저녁에 학술원 수학 연구소의 연구원인 조는 저녁 식사를 하러 집에 오기로 되어있었지만 오지 않았다. 자식을 사랑하는 모든 부모같이 차우셰스쿠는 시간이 늦어질수록 걱정이 심해졌다. 한동안 기다리다가 "위대한 지도자"는 그의 비밀 경찰을 불러 그의 사랑하는 딸을 찾아 달라고 명령했다. 미행자들이 미행자들을 미행하는 나라에서 조는 부쿠레슈티에서 멀지 않은 산악 관광지 프레데알(Predeal)의 호화로운 모텔에서 그녀의 남자친구와 함께 발견되었다. 조는 다친 곳 없이 초조해하는 부모에게 돌아갔지만, 그 후 그녀의 남자친구는 흔적도 없이 사라졌다.

만약 당신이 개인 비밀 경찰을 갖고 있고, 학술원의 지휘권을 갖고 있는데 당신의 딸이 저녁에 집으로 오지 않고 연구소에서

같이 일하는 남자와 모텔에 갔다면 당신은 어떻게 할텐가? 나는 내가 어떻게 할지는 모르지만 "위대한 지도자"가 무슨 결정을 했는지는 말해줄 수 있다. 그는 학술원의 수학 연구소를 없애버렸다. 이것을 알았을 때 Miron Nicolescu는 차우셰스쿠에게 가서 수학계의 입장을 변호했다. 그는 루마니아의 수학을 지금까지 발전시키는데 거의 100년이 걸렸는데 이것이 그의 서명 하나로 백지로 돌아갈 수 있다고 설명했다. "위대한 지도자"의 잊지 못할 대답은 "내 아내가 말하기를 만약 수학 연구소에서 하는 일이 그런 것(자기 딸과 모텔에 놀러 다니는 것)이라면 루마니아는 수학이 필요 없다"이었다.

그의 아내는 알았을 것이다. 그녀는 학술원 회원이었다. 그녀의 남편이 제일 높은 자리에 올라갔을 때 그녀는 고등학교도 나오지 않았음에도 박사 학위를 원했다. 그녀는 화학이 그녀의 분야라고 결정했다. 처음에 그녀는 루마니아의 최고 화학자였던 Constantin Nenitescu에게 갔다. 그가 그녀가 원했던 즉석 박사 학위를 주는 것을 거절하자, 그녀는 그를 강제로 퇴직하게 하고 자기가 원하는 학위를 얻기 위한 모든 것을 마련했다. 그녀가 드디어 엘레나 차우셰스쿠(Elena Ceausescu) 박사로 학위를 얻게 된 후에 그녀는 자신을 학술원 회원으로 선출했고 그녀의 이름을 선임 저자로 하여 조수들이 쓴 논문들을 계속 발표했다. 나는 그녀가 그 논문들을 한번이라도 읽었는지 혹은 이들을 읽을 능력이라도 있었는지 알 수가 없었다.

차우셰스쿠가 통치하던 루마니아와 이라크의 좋은 관계를 고려했을 때, 아마도 학술원 회원이었던 사담 후세인(Saddam

Hussein)의 권유에 의해 이라크 학술원은 엘레나 차우세스쿠 박사의 논문집을 발간해 주었던 것으로 보인다. 그러므로 엄격하게 말해서 루마니아 수학의 몰락은 저능한 통치자의 순간적인 행동이라고 하기보다는 세계적 명성을 가진 화학자의 심사숙고한 행위라고 보아야 할 것이다.

"수학이 필요 없는" 나라라도 수학 연구소의 폐쇄는 참화를 가져오는 일이다. 다른 여러 대학에 교수직을 가지고 있는 이 연구소의 연구원들은 줄어든 봉급과 함께 그들의 교직으로 돌아갈 수 있었지만, 그런 직책을 가지고 있지 않았던 연구원들은 초등학교 학생들을 가르치도록 시골로 보내어졌다. 이후 얼마되지 않아 Miron Nicolescu는 심장마비로 죽었다. 그의 심장은 문자 그대로 '심장이 깨진 것'으로 추측된다. 루마니아 학술원 수학분과 위원장직은 분명히 건강에 악영향을 미쳤다. 이것은 신의 저주일 것이다.

몇 년 동안 루마니아 수학 학회지들은 시카고 대학의 에크하르트 도서관에 배달되지 않았다. 그러다가 갑자기 인상적인 은색 표지로 아름답게 포장된 잡지들이 오기 시작했다. 새로운 편집자는 조 차우셰스쿠(Zoe Ceausescu)였다. 한 세대의 수학자들이 그녀의 가족에 의해 제거되었다. 유명한 루마니아 수학자 치프리안(Ciprian Foias)가 한때 나에게 차우셰스쿠를 엉터리 무산계급 혁명가라고 적절하게 묘사하였다.

결국에는 차우셰스쿠 일가는 당연히 받을 벌을 받았다. 그들이 다른 사람들에게 행했던 방법으로 진행된 인민재판 끝에 무장한 군인들은 그들을 개같이 죽였다. 놀랍게도 그들의 전성기에 이 악질적인 부부는 여러 서방 정치가들의 지지를 받고 있었다. 1968년 청년 폭동이 파리에서 일어났을 때 샤를르 드 골(Charles de Gaulle)은 차우셰스쿠를 방문하고 있었다. 그는 급히 돌아갔으나 권력의 자리에서 물러났다. 리차드 닉슨(Richard Nixon)도 부쿠레슈티에 얼굴을 내밀었고 조금이라도 알고 언급했는지는 모르겠으나 루마니아 시인 미하이 에미네스쿠(Mihai Eminescu)를 인용했다. 그러나 드 골처럼 차우셰스쿠와 악수를 한 후 그의 운명은 결정되었다. 그도 실각했다. 이래도 저주가 없다고 할 수 있는가? 어쨌던 드골과 닉슨은 죽지는 않았다.

이 이야기는 미국 수학계에서 누구나 다 아는 사실로 알려져 있으나 내가 알기로는 미국 언론들은 한 번도 이것을 다루지 않았다. 이것은 매우 훌륭한 기사거리가 아닌가. 왜 이것이 "인쇄하기에 적합하지" 않은가?

다행히 1989년 혁명 후 루마니아 학생들이 다시 서방 대학에 모이게 되었다. 어떤 학생들은 아주 재주가 있었다. 그들 중 일부는 서양에 머물 것이고, 다른 일부는 돌아가서 루마니아를 다시 유명하게 만들 것이다. 우수한 루마니아의 과학 또한 계속될 것이다. 그러나 다음에 나타날 엉터리 무산계급 혁명가에 의해 짓밟힐 수도 있을 것이다.

제 24 장

텔레그디(Telegdi)와 실험 물리

a passion for
discovery

제 24 장. 텔레그디(Telegdi)와 실험 물리

나는 지금까지 실험 물리학자들을 무시하고 이론 물리학자와 수학자들의 세계를 방랑했다. 그들은 세 평면 중 제일 낮은 땅에 제일 가까운 가장 현실적인 평면에 살고 있었다는 사실을 기억하자. 이 실험 세계를 소개하기 위해 나와 가장 가까운 실험 물리학자부터 소개하겠다. 헝가리에서 태어났고, 훌륭하고 열정적인 발렌타인 텔레그디(Valentine Telegdi)는 물리학에서 매우 기본적인 발견들을 했다. 제리 프리드만(Jerry Friedman)과 함께 발렌타인은 '자연은 오른쪽과 왼쪽을 구별할 줄 안다'는 리(Lee) – 양(Yang)의 가설을 증명한 3개의 중요한 실험 중 하나를 시카고 대학에서 했다. 텔레그디는 이 가설에 대한 파인만(Feynman) – 겔만(Gell–Mann) – 마르샤크(Marshak) – 수다산(Sudarshan)의 제안을 실험적으로 증명하였다. 발렌타인은 40년 전 유럽원자핵공동연구소에서 딕 가윈(Dick Garwin)과 함께 현재에도 계속되는 "Muon g–2"의 결정적인 첫 실험을 이끌었고, 이 실험으로 수수께끼 같던 뮤온이 실제로는 전자의 오만한 사촌이라는 것이 입증되었다. 동시에 높은 정확성으로 파인만(Feynman) – 토모나가(Tomonaga) – 스윙거(Schwinger)는 양자 전기 역학을 재규격화시키는 실험을 했다. 이것들은 단지 텔레그디가 한 3개의 유명한 예에 불과하다. 이 실험들이 그렇게 놀랄만한 이유는 매우 정교하다는 데 있다.

"Muon g-2"의 경우를 보자 그의 유명한 책에서 노벨상을 받은 영국인 네빌 모트(Nevill Mott) 경은 이론적으로 그런 실험은 불가능하다는 주장을 했다. 대부분 실험 학자들은 전자공학 출신이거나 자료 분석의 전문가들이다. 그들은 그들이 무엇을 하는지와 그것이 왜 중요한지 이해하기 위한 정도의 이론은 잘 알고 있으나, 더 깊은 이론은 이론 물리학자들에 맡긴다. 발렌타인은 보기 드문 실험 물리학자였다. 그는 전문적 이론 지식을 가지고 있었고, 무엇이 측정되어야 하고 무엇이 측정될 수 있는지, 어떻게 측정되어야 하는지에 대해 엄청난 정확함과 효율성을 갖고 자신만의 착상을 할 수 있었다. 그는 네빌 경에게 정면으로 도전했다. 일부 이전의 전자 실험들과 몇몇 계산들이 네빌 경의 잘못이라는 것을 암시하고는 있었지만, 발렌타인이 유명한 두 이론 물리학자인 바그만(Valya Bargmann), 루이스 미셸(Louis Michel)과 같이 쓴 이론 논문이 모트의 문제점을 명백히 설명했고 이것이 정밀한 'muon' 실험을 가능하게 했다.

다른 한 명의 아주 재치있는 실험 물리학자는 모리스 골드하버(Maurice Goldhaber)이다. 그는 핵붕괴의 특별한 순서를 이용하여 중성미자가 왼손잡이인지 오른손잡이인지의 문제를 해결했다. 텔레그디와 골드하버는 노벨상 다음으로 권위 있는 울프상(Wolf Prize)을 공동 수상했다.

발렌타인은 항상 최신 이론을 듣는 것에 관심이 많았고 최근 실험들을 이론 물리학자들에게 말해 주곤 했다. 1960년에는 이론 물리와 실험 물리가 아주 가까웠다. 새로운 실험이 나왔을 때 발렌타인은 그 장단점에 대해 그의 전문적 견해를 말해주었다.

1963년 샘 린덴바움(Sam Lindenbaum)과 위안자류(Luke Yuan)가 국립 브룩헤이븐 연구소(Brookhaven National Laboratory)의 양성자 가속기로 한 실험은 이탈리아 이론 물리학자 툴리오 레제(Tullio Regge)의 이론이 타당하다는 것을 확인시켜 주었고, 이 이론을 더 발전시키려는 노력의 결과 끈 이론(string theory)이 탄생했다. 그러나 발렌타인은 이 실험이 실행된 '방법'에 매혹되었다.

그는 나에게 말하기를 "이 실험은 우리가 실험 물리를 하는 방법에 혁명을 일으켰어. 이제 어떤 실험도 온라인 컴퓨터가 없이는 실행되지 않을 거야."

린덴바움과 위안의 실험 이전에는 입자 가속기를 가지고 실험했던 실험 물리학자들은 실험 장비들을 빔의 경로에 얼마 동안 놓아두었다가 그것을 꺼내서 결과를 분석한다. 때로는 이 분석이 큰 실망을 주었다. 가끔 실험에 관계된 대학원 학생, 연구 조수, 또는 선임 물리학자까지도 그 녹색 단추를 눌러야 한다는 것을 잊어버렸고, 그 결과로 실험 전체가 허사로 돌아가기도 하였다. 그러면 또 5년 이상을 기다려야만 했다. 단 하나의 가속기로 많은 사람들이 실험하기 위해 줄을 서 있었다. 그렇지 않은 경우라면 아주 미세한 증거들을 발견할 수 있었다. 만약 실험장치가 무엇을 하고 있는지 감시할 수만 있었다면, 이 미세한 증거들을 확인할 수 있는 자료를 더 많이 모으게 실험 기구들을 조정할 수 있었을 것이다. 온라인 컴퓨터를 장착함으로서 린덴바움과 위안은 그것을 가능하게 했다. 이것은 사소한 것 같지만 실제로는 획기적 사건이었다. 1963년 당시의 원시적 컴퓨터가 오늘날 어디까지 발전되었는지 떠올려 봐라!

이 실험에서의 린덴바움의 동료 위안자류(Luke Yuan)는 유명한 중국 귀족가문 출신이었다. 그는 1912년에 청 제국이 몰락한 직후 중국을 통치한 위안스카이 장군의 손자였다. 이 사실은 냉전 중에 안좋은 방식으로 사용되었다. 1960년 중국과 소련의 결별 후에 소련 과학계는 서양과 관계를 개선하려고 노력했다. 그들은 미국 과학계 대표단을 초청했고 중국을 자극시키기 위해 위안자류가 대표단에 포함되기를 주장했다. 위안자류는 역사상 제일 훌륭한 여자 실험 물리학자 중의 한 사람인 우젠슝(C. S. Wu)과 결혼했다. 자연이 왼쪽과 오른쪽을 구별할 수 있다는 것을 입증한 3개의 실험 중 콜롬비아 대학에 있었던 유젠슝이 이끈 실험이 가장 먼저였다. 다음이 다른 콜롬비아팀 가윈(Garwin), 레더먼(Lederman), 바인리히(Weinrich)가 한 실험이고 그 다음이 시카고 대학의 프리드먼과 텔레그디가 한 실험이다. 며칠 사이로 세 개의 독립적이고 눈부신 실험들이 같은 자연의 기본 법칙을 입증했다. 이런 일은 처음 있는 일이었다. 그 이후로 그런 우연의 일치가 더 자주 일어났다. "맵시입자(charmed quark)"의 발견이 그 예다. 이것은 물리학자들 사이에서 정보 교환이 빠르게 일어날 때 생기는 일이었다. 물리는 더 이상 옛날같이 한가한 사업이 아니었다. 치열한 경쟁은 관련된 사람들의 신경을 피곤하게 하고 때때로 충돌을 일으키기도 하였다. 물리학도 예외는 아니다. 물리학자들은 흰 실험복을 입은 두꺼운 뿔테안경을 쓴 온순한 노인들이 아니다. 이런 학자들은 헐리우드 영화에서만 볼 수 있고, 실제로 물리학자들은 꿈과 야망으로 불타는 아주 감정적인 창조물이다. 아담 스미스(Adam Smith)의 보이지 않는 손처럼 이 경쟁은 결국에는 좋은 결과를 낳았다.

아마도 가장 유명한 경쟁 중 하나는 텔레그디와 우젠슝 사이에서 일어난 일일 것이다. 일생에 한 번 일어나기도 힘든 그런 충돌이 다른 한 실험에서 또 그 두 학자 사이에서 발생했다. 논쟁 중 텔레그디와 우젠슝은 예의를 지키면서 신랄한 편지를 통해 서로의 주장을 전달했다.

한때 시카고 근처에 있는 페르미 연구소(Fermilab)에서 열린 학회에서 이 싸움이 밖으로 노출되었다. 텔레그디는 우젠슝 바로 다음에 발표하기로 예정되어 있었고, 한 사람당 30분의 발표 시간이 배정되어 있었다. 몇 년 전에 우젱슝은 입자 물리학 표준 모형의 기본 특징인 "약 자성(weak magnetism)"인 약한 상호작용(weak interaction)의 자성을 발견한 유명한 실험을 했다. 그러나 페르미 연구소에서의 발표 몇 달 전에 그녀가 사용한 핵물리 테이블(nuclear physics tables)이 부정확했다는 것이 알려졌으며 이것은 그녀가 발견한 약 자성의 크기가 달라져야 한다는 것을 뜻했다. 그녀의 발표 목적은 옛 자료를 다시 분석한 결과 잘못된 테이블과 함께 다른 실수들을 발견했고 이 실수가 테이블에 대한 실수를 정확하게 상쇄시켜 그녀의 처음 결과는 그대로 성립한다는 것을 청중에게 납득시키는 것이었다. 그녀는 이 모든 것을 설명하는데 많은 시간을 소모했고 회의의 의장직을 맡았던 압두스 살람(Abdus Salam)은 몇 번이나 그녀에게 시간에 다 됐다는 것을 상기시켰다. 그때마다 그녀는 살람에게 미소로 대답하고는 아무 일도 없었던 것같이 강의를 계속했다.

결국 그녀는 50분 후에 발표를 끝냈으며 그 때는 이미 텔레그디에게는 10분도 채 안 되는 발표 시간이 남겨진 뒤였다. 살람은 텔레그디에게 발표를 청했고 텔레그디는 강단에 올라가서 "내가 준비한 강연은 이전 발표자가 남겨놓은 10분 안에 끝낼 수가 없다. 그러므로 나는 강연을 하지 않겠다. 그러나 그녀가 소비한 20분은 그만한 가치가 있다는 것을 지적하고 싶다. 왜냐하면 방금 전 발표자가 자신이 발견한 자성이 진정으로 약하다는(틀렸다는) 것을 확실히 보여주었기 때문이다"라고 말했다.

수학자 마이클 아티야(Michael Atiyah)가 내 옆에 앉아있었다. "무슨 일이야?" 그는 나에게 물었다. 나는 그에게 이 유명한 불화에 대해 간단히 설명해 주었다.

"물리에도 이런 일들이 있어? 나는 이런 일들은 수학에서만 일어나는 것인 줄 알았는데?" 약 자성의 크기는 지금은 실험에 의해서 정확히 측정되고 있으며며 텔레그디가 옳았음이 확인되었다. 개인적으로는 우젱슝은 그 시대에 물리학이 무엇인가에 대해서 토론할 수 있는 매력적인 동료였다. 그녀는 아주 열정적이고 개성이 강한 사람이었다. 어떻게 발렌타인에게 그런 편지들을 쓸 수 있었는가!

나는 그녀의 옛날 학생이었던 루크 모(Luke Mo)로부터 그녀가 콜롬비아 대학 실험실에 있을 때는 엄격한 교수였다고 들었다. 루크 모의 첫아이(아들)가 태어났을 때 그는 새로 난 아이를 보기 위해 병원으로 급히 가기를 원했다. 우젱슝은 그에게 만약 병원으로 가면 쫓아내겠다고 분명히 경고했었다. 그 뒤 몇 년 후에 그는 울면서 실험실에 머물렀다고 나에게 말했다. 어떤 이유에서든지 과학은 완전한 헌신을 요구하며 어떤 일시적인 중단에 대해서도 관용을 베풀지 않았는다. 우젱슝은 이 중요한 교훈을 학생들에게 가르쳤다. 그녀를 옹호하자면, 그녀는 마지막 청 황제의 다섯 번째 아내의 딸이라는 소문이 있었는데 이것이 그녀의 엄격한 습관을 설명할 수 있을지 모르겠다.

우젱슝이 그녀의 실험실에서 강행했던 이러한 엄격한 가르침이 텔레그디와 또 하나의 대결을 만들어 내곤 했다. 캘리포니아 공과대학교(Caltech)에서 개최된 학회에서 그녀는 우주선(cosmic ray)의 영향을 최소한 줄이기 위하여 땅속 깊이 있는 소금 광산에서 행해진 이중 베타 붕괴(double beta decay)에 관한 실험결과를 발표했다. 텔레그디는 빈정거리기를 “소금 광산에서 일하는 것이 콜롬비아 대학에서 일하는 것보다 낫다는 것을 내가 항상 의심해 왔는데 이번에 확인을 할 수 있었네.”

지난해 고인이 된 발렌타인 텔레그디는 매력적이며 무엇보다도 철저히 솔직하고 정직한 사람이며 요리에 관해서는 가장 우수한 미식가였다. 그는 내가 루시와 결혼할 생각이라는 것을 맨 먼저 알려준 친구다. 그 때 그는 몇 번이나 루시를 만났었다. 그는 무서운 표정으로 나를 쳐다보며 말하기를,

“그 여자? 너 그거 몰라?” 그가 물었다.

“무얼 모른다는 말이야?” 나는 걱정스럽게 물었다.

"그녀는 미국 여자야."

"그래서?"

"결혼하면 네가 무엇을 얻어 먹을 수 있겠어?"

이 말은 미국여자의 음식 솜씨를 지적한 것이었다. 발렌타인은 이 질문을 할 수 있는 자격을 가지고 있는 사람이었다. 그의 이탈리아 아내 리아(Lia)는 내가 고급호텔 밖에서 만난 최고의 요리사이다. 공교롭게도 나의 아내는 리아에 비해 그렇게 뒤지지 않았고 발렌타인은 우리 집에 저녁 식사를 하러 올 때마다 마치 자신의 죄를 고백하듯이 자신의 말을 후회했다.

유럽에서 개최된 학회에 참석한 후에 나는 새로 출판된 최초의 폴 보퀴즈(Paul Bocuse)의 프랑스판 요리책을 가지고 왔다. 그 책에는 그가 불란서 대통령 발레리 지스카르 데스탱(Valery Giscard d' Estaing)의 취임식 만찬을 위해 준비한 식단이 포함되어 있었다. 리아와 루시는 우리를 위해 이 모든 것을 만들어 주었다. 그날 저녁은 내가 식당이 아닌 누군가의 집에서 먹은 최고의 음식이었다. 많은 물리학자들이 미식가들이다. 머리 겔만(Murray Gell-Mann)은 텔레그디의 집에서 자주 식사를 했다. 발렌타인의 도전적 성격에 대해 그의 아내가 머리에게 묻기를,

"우리 남편은 항상 미워할 사람이 있어야 돼. 왜 꼭 그래야 될까?"

“이봐, 리아” 머리는 대답하기를, “어쨌든 발렌타인은 미움받아야할 사람을 정말 잘 골라잡으니 걱정 말아.”

1970년도에 발렌타인 텔레그디는 취리히 대학 교수직을 받아들였다. 우리 시카고 대학 교수 회의는 활기를 많이 잃었으나 차분한 취리히 대학은 훨씬 더 활발한 곳이 되었을 것이라고 나는 생각한다. 실제로 발렌타인은 그가 고향이라고 생각한 취리히의 과학적 분위기 고양에 막대한 공헌을 했다.

옛날 알버트 마이컬슨(Albert Michelson)부터 시작해서 지금에 오기까지 시카고 실험 물리학자들의 명성은 정말 대단했다. 거의 동시에 일어난 3개의 전설적 실험에서 텔레그디와 경쟁했던 우리 학부 교수 리언 레더먼(Leon Lederman)은 노벨상을 받을 만한 다른 여러 개의 중요한 실험들을 했으며, 1988년 멜 슈워츠(Mel Schwartz), 잭 스타인버거(Jack Steinberger)와 함께 mueon의 중성미자 발견으로 공동 노벨상을 수상했다. 상을 받기 전, 그의 아들이 그에게 왜 아직 상을 못 받는지 물었다. 리온은 “아빠가 상 받을 만한 실험을 너무 많이 해서 노벨상 위원회가 어느 것으로 상을 줄지 아직 결정을 못해서 그래”라고 했다고 한다.

마지막으로 짐 크로닌(Jim Cronin)이 시카고 대학의 실험 물리에서 그의 명성을 남겼다. 밸 피치(Val Fitch)와 함께 그는 획기적인 발견을 했다. 자연에서 좌우 대칭성이 깨진다는 것이 알려진 후에, 사람들은 “전자가 거울 속의 자신을 볼 때 어떻게 생긴 전자를 볼까?”하는 질문을 하기 시작했다. 자연이 좌우를 구별할 수 있다는 리와 양의 주장을 증명하는 실험을 완료하였을 때, 텔레그디는 레오 실라르드(Leo Szilard)를 교정에서 만났다. 그때는 분자 생물학(molecular biology)에 빠져 있었지만, 뛰어난 물리학자 실라르드는 새로운 물리의 발전에 대한 호기심을 버리지 않았다. 텔레그디가 발견한 것을 그에게 이야기 하자마자 실라르드는 내가 방금 말한 질문을 했다. 그리고 스스로 "아마도 자기의 반대칭인 양전자를 볼거야."라고 답했다. 여러 사람이 같은 생각을 했으며 실험적으로 이것이 옳은 것 같아 보였다. 그러나 이 결론이 의심의 여지가 없는 것이라고 사람들이 믿기 시작할 때 크로닌과 피치의 발견은 세상을 놀라게 했다. 그것은 사실이 아니었다! 거울은 왼쪽을 오른쪽으로, 물질을 반물질로 바꿀 뿐 아니라, 과거도 미래로 바꿔버렸다. 어떤 점에서 크로닌과 피치의 이러한 발견은 우리의 존재를 설명할 수 있었다. 우리는 물질로 만들어져 있으므로 우리가 존재하기 위해 우리 주위에 반물질이 없어야 한다. 그렇지 않으면 우리는 말 그대로 전멸될 것이다. 같은 논리로 우주에는 물질이 반물질보다 많아야 한다. 그러나 만일 거울 속에서 과거가 미래로 바뀌지 않고 물질이 반물질로 보인다면 이것은 불가능해진다. 이 영웅적인 크로닌과 피치의 실험은 우주론에 막대한 영향을 주었다.

지난 30년 동안 입자물리학에서 실험의 성격은 근본적으로 변했다. 한 명의 프리드먼이나 한 명의 텔레그디가 획기적인 실험을 계획할 수 있었던 날은 지나갔다. 오늘날에는 가속기를 하나 건립하고 운영하는데 수십억 달러가 필요할 뿐 아니라 입자 물리 실험 하나를 하기 위해서 몇 천억 달러가 필요하다. 이러한 입자물리 실험은 세계 각지에서 참여하는 수백 명의 실험 물리학자들에 의해 실행되고 있다. 다음 세대 실험에 얼마나 많은 자금이 필요할 것이며, 여러 국가들은 이러한 자금을 부담할 용의가 얼마나 있을까? 이에 대한 새로운 대안으로 우주 자체를 값싼 가속기로 이용할 수 있다. 우주는 극도로 높은 에너지를 가진 우주방사선(cosmic radiation)을 우리들에게 퍼붓고 있기 때문이다. 이 우주 방사선은 인간이 만든 가속기처럼 우리가 쉽게 통제할 수는 없지만 유용하게 사용한다면 가속기를 대체할 수 있을 것이다.

제 25 장

집단의 지도자

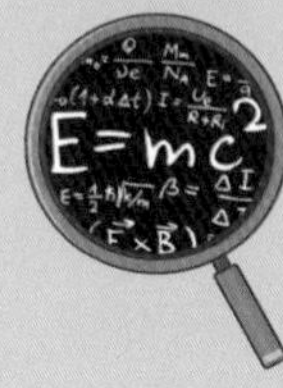

a passion for discovery

제 25 장. 집단의 지도자

멀리 떨어져서 보면, 이론 물리학의 세계는 분명한 형식을 가지고 있다. 그리고 물리학의 세계에는 어떤 순간에도 쉽게 알 수 있는 지도자가 있다. 그는 자신을 과시하지 않고 집단에 의해 선정 된다. 이 지도자는 중요한 주제를 선택하고 그 양식을 결정하기 시작한다. 물리학자들은 지도를 바라지 않는다. 대부분 물리학자들이 대단히 개인적이고 일부는 어쩌면 지도자보다 더 중요한 연구로 집단에 공헌한다. 그러나 결국 이 세계는 지도자의 세상이며 그의 말이 집단의 의견이 된다.

대부분의 동료들은 물리학에서 이러한 지도자는 적어도 19세기말까지 거슬러 올라가야 지도자를 찾을 수 있다는 것에 동의할 것이다. 그 당시 지도자는 오스트리아인이었던 루트비히 볼츠만(Ludwig Boltzmann)이었다. 그는 그의 통계 역학과 엔트로피에 대한 연구로 근대 물리학의 도래를 알렸다. 볼츠만은 오랫동안 우울증에 시달렸다. 그의 시대는 1905년 그가 릴케(Rilke)가 슬픈 소설을 썼던 이탈리아 두이노에 있는 Torre e Tasso 성에서 목매어 자살하면서 갑자기 끝나버렸다. 바로 그 해에 26세의 새로운 지도자 알버트 아인슈타인은 물리학에 혁명을 불러온 5개의 논문을 썼다. 아인슈타인의 시대는 1925년 하이젠베르크가 나타나기 전까지 계속됐다. 하이젠베르크의 시대는 1943년까지 계속되었고, 엔리코 페르미가 지배했던 과도기가 그 뒤를 따랐다. 페르미 시대 동안 물리학자들은 더욱 강력한 가속기를 이용하여 소립자 영역을 탐구하기 시작했다. 그러다가 1950년도 초에 머리 겔만이 선임되었고, 그의 시대가 1970년도 초기까지 계속되었다. 그리고 헤라르뒤스 엇호프트(Gerard 't Hooft)의 시대가 따라왔다. 그리고는 끝으로 1980년도 초기에 시작하여 이제 종말을 맞이하고 있는 에드워드 위튼(Edward Witten)이 이어져 왔다.

물론 물리학계에는 이러한 지도자들보다 훨씬 많은 훌륭한 학자들이 있었다. 파인만이 여기에서 빠진 것은 단지 사람들이 겔만의 동의를 은근히 선망했고 궁극적으로 그의 말이 상황을 결정했던 것이다.

무엇이 이러한 사람들을 지도자로 만들고 똑같이 뛰어난 다른 사람들은 지도자로 만들지 않았는가? 두 사람의 예를 들어보자. 디랙과 파인만의 공헌이 그 시대 지도자의 공헌보다 못한가? 전혀 아니다. 여기서는 카리스마가 중요한 역할을 한다. 볼츠만, 아인슈타인, 하이젠베르크, 게만은 모두 카리스마 있는 사람들이었다. 반대로, 디랙은 이 개념 자체에 대해서 의문을 표시했을 것이나, 파인만은 아마도 가장 카리스마 있었던 과학자로, 물리학계의 빌 클린턴(Bill Clinton)이었다. 엇호프트와 위튼은 대중적인 카리스마는 별로였으나, 물리학자들 사이에서는 그들 역시 권위가 있었으며 미래를 감지하는 능력을 가지고 있었다.

지도자는 정말로 기본적으로 중요한 것이 나타났을 때, "바로 이것이다"라고 학계에 공표 할 수 있는 능력을 지닌 사람들이다.

볼츠만은 원자와 분자개념이 정착될 것이라는 것을 알았으며 로슈미트(Loschmidt)가 해낸 분자의 직경 계산이 중요하다는 것을 알았다. 아인슈타인은 루이 드 브로이(Louis de Broglie)의 전자 파동의 엄청난 중요성을 지니고 있다는 사실을 가장 먼저 알아차린 사람이다. 브로이의 연구에 대한 아인슈타인의 지지가 없었더라면 슈뢰딩거의 수식은 그렇게 빨리 나오지 않았을 것이다. 또한 아인슈타인은 그 당시에는 잘 알려지지 않았던 인도 물리학자 Bose의 양자통계에 대한 연구의 중요성을 처음 이해한 사람이다. 다른 모든 지도자에 대해서도 유사한 예들을 들 수 있다.

이 역할을 수행하기 위해 지도자들은 물리학계에 깊이 뿌리를 내려야 하는데 여기서 디랙과 파인만이 실패한 것이다. 사실 그들은 자신만의 세상에서 살면서 혼자 있고 싶어하는 사람들이었으며, 둘 다 새로운 물리학 저술들을 열심히 읽는 편이 아니었다. 그들의 원칙은 "만약 필요하다면 내가 스스로 해결책을 생각해낼 텐데 왜 이달에 유행하는 것을 읽으며 시간을 낭비해야 하느냐?"였다. 파인만과 류드비크 파데예프(Ludvig Faddeev), 포포프(V. N. Popov)의 아름다운 연구 결과가 출판되었을 때 나는 디랙에게 '이제 우리는 미시적으로 중력을 어떻게 양자화하는지를 알아냈는데, 문제는 그것이 재규격화되지 않는다는 것이다' 라고 지적했다. 디랙은 나의 두 번째 문장을 듣지 못했고 첫 번째 문장에 대해 "양자 전기 역학에서와 같이 무한대를 포함하는 이론을 말하느냐?"라고 대꾸했다. 그가 양자 전기 역학의 재규격화를 이해하려고 하지 않았다는 것이 분명했다. 그가 보기에는 이것은 옳은 방법이 아니었다.

파인만은 1950년도에 잠깐 물리학을 떠나 분자 생물학(molecular biology)을 연구하기로 결심했었다. "나는 물리학 세계를 모두 돌아다녔다"고 그는 말하기를 "그리고 한 순간에 여기에 관심이 없어졌다. 나는 오히려 다른 세계에 가길 결정했고 생물학 연구를 시작하기로 했다."고 했다. 그는 생물학 연구를 일 년 남짓하게 됐다. 나는 그가 옳은 길을 택했다고 생각했기 때문에 그가 좀 더 오랫동안 연구를 지속했다면 아마도 중요한 발견을 했을 것이라고 생각한다. 그런데 그는 물리학으로 돌아왔다. 그는 "나는 V-A 이론과 함께 복귀했다"라고 극적으로 나에게 말했다. 진정한 지도자는 그 분야를 떠날 수 없는 것이었다. 그것은 사직과 마찬가지였던 것이다.

지도자를 만드는 마지막 한 조건은 모든 사람으로부터 공정하고, 도덕적이고, 정직하다고 인정받아야 한다는 것이다. 이들은 모두 이 조건을 만족시켰다.

비슷한 지도자 체제를 다른 과학 분야나 예술 분야에서도 볼 수 있다. 가극의 역사를 보자. 이탈리아 창시자들인 빈첸초 갈릴레이(Vincenzo Galilei), 몬테베르디(Monteverdi), 카발리(Cavalli)가 있었고, 그 이후 오페라는 라모(Rameau), 륄리(Lully), 헨델(Haendel)의 지도하에 과장이 심한 바로크식으로 변했다. 그 이후는 모차르트(Mozart) 시대로 본격적인 발전이 있었다. 이 모델은 로시니(Rossini)의 지도하에 더 개선되었고 낭만적인 대 가극으로 계속되었다. 경쟁자들에 비해 명성이 훨씬 높았던 마이어베어(Meyerbeer)의 시대가 로시니의 시대를 뒤따랐다. 마이어베어의 '악마 로베로(Robert le Diable)'는 대 가극과 낭만적 발레의 시대를 예고했다. 마이어베어 이후 가극은 베르디(Verdi)와 바그너(Wagner)를 각각의 지도자로 하여 이탈리아파와 독일파로 나뉘게 되었다. 다음 세대는 푸치니(Puccini)가 이태리를, 리하르트 슈트라우스(Richard Strauss)가 독일을 이끌었다. 나는 여기서 소련이나 프랑스 그리고 다른 나라의 가극을 무시하고자 하는 것이 아니라, 세계적으로 공인된 지도자를 이야기하고 있는 것이다. 그리고 바르토크(Bartók), 베르크(Berg), 야나체크(Janaček), 풀랑크(Poulenc), 리게티(Ligeti), 메시앙(Messiaen)들이 위대한 가극을 작곡하면서 20세기가 계속되는 동안 분명한 지도자가 나타나지는 않았다. "가극 작곡가" 시대라고 하는 것이 끝났다고 하는 것이 타당할 것이다. 예술의 형태로서 가극 자체는 종말에 도달했는지도 모른다. 오델로(Otello)의 말을 빌리자면 다음과 같을 것이다. "Ecco la fine del mio camin. O Gloria…." (내 인생의 끝이 왔도다. 오 영광이여…….)

다행히 우리 물리학 분야는 아직도 발전하고 있다. 우리는 아직도 지도자가 있고 새로운 중요한 발견이 뒤따를 것이다. 물리학계에서는 각 시대마다 그 시대의 중요한 문제점들과 그 자체의 해결방식을 가지고 있다는 것이 앞서 설명한 예술과의 중요한 차이점일 것이다.

볼츠만 시대의 중요한 업적은 열(熱)현상을 지배하는 열(熱)역학의 법칙들은 기본 법칙이 아니며 원자와 분자의 미세구조로부터 유도되는 법칙이라는 사실을 발견한 것이다. 아인슈타인 시대에는 미시적 거리와 빠른 속도에서 자연을 설명하는 "옛날" 물리학을 대체할 수 있는 기본 법칙을 발견하는 것을 임무로 삼았다.

그리고 하이젠베르크 시대는 이 법칙들을 통합하여 새로운 이론으로 만드는 것이 목표였다. 페르미 시대는 실험 물리와 이론 물리가 긴밀한 협력을 하는 시기를 열었고, 겔만 시대에는 기본 법칙들이 정확한 형태를 확정할 수 있도록 새로운 자료들을 실험 물리로부터 이론 물리학자들의 세계로 가져다 주는 역할을 하였다. 엇호프트의 시대에는 기본 법칙의 예측이 너무나 성공적이어서 모든 실험적 결과를 설명할 수 있었고, 이 결과 이론 물리학자들이 친구로 지내던 실험 물리학자들에게 이별을 고하는 시기가 되었다. 위튼의 시대는 표준 이론에 중력을 포함시키는 일과 모든 법칙을 통일하는 일에 직면했었으며, 실험으로부터 아무런 힌트가 없는 상황 속에서, 수학이 물리학 연구의 기본이 되었다. 난부는 "물리학은 후기 현대 시대에 도달했다"고 말했다.

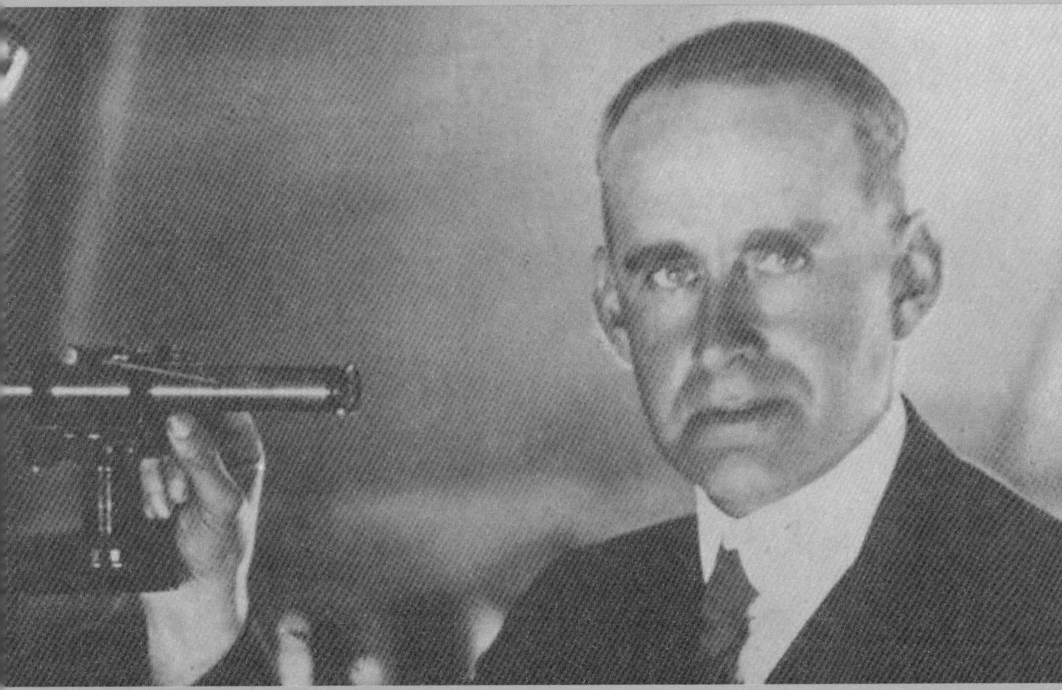

제 26 장

새로운 차원

a passion for discovery

제 26 장. 새로운 차원

물리학이 다루는 4개의 개념은 물리학 창시자들(갈릴레오와 뉴턴)로부터 오늘날까지 전해 내려왔다. 그들은 물리학이 힘의 영향 아래 공간을 통하여 시간에 따라 움직이는 물질에 관한 것이라는 것을 알았다. 바로 여기에 물리학의 4개의 개념이 존재한다. 공간, 시간, 힘 그리고 물질이 그것이다. 이미 지적을 한 바와 같이 물리학은 통일장 이론연구를 통해 기본 힘의 종류를 줄이고 물질의 기본 형태의 수를 줄이기 위해 많은 작업을 했다. 지난 30여 년간의 뛰어난 가설은 4개의 개념 모두가 사실상 같은 "매체"인 끈(string)의 다른 면(aspect)이라는 것을 말해준다

이 대단한 가설의 결론은 우리가 맨눈으로 보는 공간이 실제로는 3차원 공간이 아닐 수도 있다는 것이다. 어쩌면 우리가 모르는 어떤 이유 때문에 눈으로 보지 못하는 많은 차원이 있을 수 있다. 차원의 수가 3개임이 결국 판명된다 하더라도 이론적으로 이 사실을 설명하는 것은 우리의 의무로 남아있다. 왜 우리가 살고 있는 공간차원의 수가 2개나 10,379개가 아니고 3개란 말인가?

이를 알기 위해서 우선해야 할 일은 만약 차원이 셋이 아니면 어떤 일이 일어나는가를 알아보는 것이다. 이 질문은 1914년에 핀란드 물리학자 군나르 노르드스트룀(Gunnar Nordström)에 의

해 일찍이 제기되었다. 다른 사람들처럼 노르드스트룀은 중력과 전자기를 통일하려고 애썼다. 그는 두 개의 힘이 따로 필요한지 스스로에게 물었다. 그들을 자연스럽고 자동적으로 한 개의 힘으로 만드는 것이 가능한가? 단순히 우리가 중력과 전자기를 잘못된 관점에서 보기 때문에 서로 다른 힘으로 보는 것은 아닌가? 비교를 하기 위해, 자연 서식지인 아프리카에서 먹이를 향해 달려가는 아주 우아한 치타(cheetah)와 동물원 우리 안에 갇혀있는 치타(cheetah)를 생각해 보자. 아마도 우리는 인위적 환경 안에서 자연의 법칙을 고찰하고 있을 가능성이 있다.

그러면 물리학에서 이 자연환경은 무엇과 같은가? 자연법칙의 환경이란 공간 차원의 수와 같은 것을 말한다. 노르드스트룀은 만약 공간이 셋이 아닌 네 개의 차원을 가지고 있다면 물리학은 어땠을까 하는 생각을 했다. 공간에 다른 하나의 차원을 더하면 결국 5차원의 시공간이 된다. 노르드스트룀은 이런 5차원 시공간에서 맥스웰(Maxwell)의 전자기학 이론이 4차원 시공간의 중력과 전자기를 모두 설명할 수 있으리라 예상했다. 물리적 양이 이 다섯 번째 차원을 따라 움직일 때 변하지 않는다는 가정 하에 추론한 그의 예측에 의하면 4차원 시공간에서 중력 복사는 빛과는 다르게 편광될 수 없고 빛 자체는 태양 중력에 의해 굴절되지 않는다.

노르드스트룀이 이 혁명적 개념을 소개했을 때 아인슈타인은 취리히에서 우리가 일반 상대론이라고 부르는 자신의 중력 이론 연구에 몰두하고 있었다. 일반 상대론에서는 중력 복사는 편광될 수 있고 빛은 태양 중력에 의해 굴절한다. 따라서 아인슈타인은 노르드스트룀의 논리적 일관성을 인정하긴 했지만 그 이론은 잘못된 것이라 생각했다. 그가 보기에는 노르드스트룀의 제안은 주목할 만한 것은 아니었다. 그래서 그는 노르드스트룀을 경쟁자로도 취급하지도 않았다.하지만 반대로 노르드스트룀은 아인슈타인을 극찬했고 이 상대론의 대가와 토론을 하기 위해 그의 모국에서 먼 길을 찾아왔으나 아인슈타인은 만나기를 거절했다. 그는 기가 죽었고 상당히 화가 나서 떠났다.

1919년에 아서 에딩턴(Arthur Eddington) 경이 아인슈타인이 예측한 대로 빛이 태양에 의해 굴절한다는 것을 발견했고 노르드스트룀의 이론은 무대에서 사라졌다. 그는 품위 있게 패배를 인정했고 계속해서 라이스너(H. Reissner)와 함께 아인슈타인 방정식의 가장 중요한 해답의 하나를 찾았다.

그런데 이야기는 여기서 끝나지 않는다. 아인슈타인의 일반상대론이 실험적으로 확인된 후에 노르드스트룀이 이야기했던 대담한 가설(5차원의 시공간)이 1919년 테오도어 칼루차(Theodor Kaluza)의 연구에서 다시 나타났다. 칼루차는 5차원에서 아인슈타인의 중력에서 4차원에서 시공간의 전자기 이론과 상응한다고 주장했다. 2년 동안 형세를 관망하던 아인슈타인은 칼루차의 이론을 강력히 지지했다. 칼루차는 노르드스트룀의 이전 제안을 언급하지 않았는데 수학자인 그가 이것을 잘 모르고 있었을 수도 있다. 하지만 아인슈타인이 이 사실을 언급하지 않았다는 것은 이해하기 힘들다. 아인슈타인은 칼루차에 관한 모든 논문에 한 번도 자신과 취리히에서 토론하고 싶어했던 노르드스트룀의 연구를 언급하거나 거론하지 않았다.

이런 상대방의 업적을 무시하는 풍조는 점점 심해졌다. 2차 대전 직전에 근대 양자 이론을 탄생시킨 파스칼 요르단(Pascal Jordan)은 칼루차의 연구에 숨겨져 있던 가정을 발견했고, 이 가정을 제거함으로서 칼루차의 통일장 이론으로부터 3차원 공간에서만 중력 이론을 얻을 수 있다는 것을 보여주었다. 이것은 아인슈타인의 중력도, 노르드스트룀의 중력도 아니었으며, 그 두 개의 결합이었다. 이 요르단이 만들어낸 새로운 중력 안에 있는 노르드스트룀 성분은 오차 범위 안에서 아인슈타인의 결과와 일치했다. 놀랍게도 요르단 역시 노르드스트룀을 언급하지 않았는데 이는 그가 노 르드스트룀의 연구를 모르고 있었음을 말해 준다.

1961년 프린스턴 대학에서 밥 딕(Bob Dicke)과 그의 학생 브란스(C. Brans)가 요르단의 이 혼합 이론을 재발견했다. 그들 역시 옛 노르드스트룀의 연구나 요르단의 연구를 알지 못했다. 딕은 명성 높은 실험 물리학자였다. 전성기에 그는 몇 개의 유명한 정밀 실험들을 하였고, 전파탐지기 같은 몇 개의 눈부신 발명에 대해 특허를 갖고 있었다. 딕은 만약 태양이 구형이 아닌 타원형이라면 아인슈타인의 예측과는 다른 노르드스트룀의 요소를 가진 중력 이론, 다시 말해서 '요르단-브란스-딕' 중력 이론이 가능 하다는 것을 깨달았다. 그래서 그는 태양이 얼마나 타원형인가를 측정했고, 아인슈타인의 이론이었던 순수한 일반 상대론이 완전하지 않다는 것을 밝혀 혼합 이론의 정당성을 확증했다. 뉴욕타임즈는 화려한 수식어구로 이 발견을 보도했고 여기서 이 한편의 드라마가 극적으로 막을 내리게 되었다. 이렇게 엄청난 의미를 갖는 실험 결과가 발표될 때는 전 세계의 실험 물리학자들은 흥분하기 시작했고, 자기 주장의 정당성을 입증하기 위해 정밀 실험을 되풀이했다. 불행히도 더 정확한 실험들은 딕을 지지하지 않았으며 아인슈타인의 일반 상대론을 문자 그대로 '부활' 시켰다.

노르드스트룀의 이론에 대한 이야기는 우리에게 많은 교훈을 준다. 첫째로, 우리는 아르놀트(Arnold) 법칙의 세 가지 새로운 예들과 마주칠 수 있었다. 둘째로, 물리학 발견에서 뉴욕 타임즈의 특종보도는 종종 재앙의 근원이 된다는 것이다. 언론에 관해서는 기자를 조심해서 대하는 것이 좋다. 잘못하다 큰 코 다칠 수 있기 때문이다. 셋째로는 다른 사람들로 하여금 당신의 이론을 입증하는 실험을 하게 하라는 것이다. 넷째로, 가장 중요한 것은 결국 역사가 모든 것을 바르게 돌려놓는다는 것이다. 이미 죽어 없어진 노르드스트룀처럼 이 역사의 교정은 너무 늦게 올 수도 있다. 그가 언젠가는 자기가 옳았다는 것이 밝혀질 것이라고 확신하지 않았다면 영원한 고통이 그를 괴롭혔을 것이다.

아인슈타인은 시간이 갈수록 통일장 이론에 더 많은 관심을 보였으나 불행히도 이 책의 첫 장에서 말한 바와 같이 그의 노력은 실패로 끝났다.

이제 노르드스트룀, 칼루차, 요르단, 딕 이들 모두는 모두 세상을 떠났지만, 5차원 공간의 운명은 나쁘지 않았다. 놀랍게도 더할 나위 없이 좋았다. 우선 스웨덴 사람인 오스카 클라인(Oskar Klein)이 우리가 맨눈으로 5차원 공간을 볼 수 없는 타당한 이유를 내놓았다. 그는 이 여분의 차원이 다른 세 공간 차원과 달리 작은 원으로 되어있다고 제안했다. 우리가 살고 있는 3차원 대신, 직선 위에 있는 바늘과 같이 1차원에서 살고 있는 존재들을 상상해 보자. 1차원에서 사는 존재들이 고성능 현미경을 만들어 그들이 실제로는 직선이 아니라 가늘고 긴 호스 같은 원통 위에 살고 있다는 획기적인 발견을 했는데, 그 2차원 원통의 여분의 원은 매우 작아서 현미경의 도움으로만 볼 수가 있었다. 이 경우 일상 생활에서는 이들 존재는 여전히 1차원 직선 위에서 사는 것과 같지만 이들을 지배하는 자연법칙들은 2차원 호스에 맞게 구성되어 있을 것이다.

여유 차원이 되는 이 2차원 호스의 단면인 원은 둥글고 매우 작아 현미경 없이는 볼 수 없다. 마찬가지로, 큰 3차원 공간도 보이지 않는 많은 여분의 차원을 가질 수 있는 것이다. 그렇다면 이들 여분의 차원의 존재를 알아내는 방법은 없을까?

4차원 공간의 관점에서 보면 이 여분의 공간은 칼루차-클레인의 탑으로 알려진 입자들의 존재를 암시하고 있다. 그들의 질량들은 이 여분 차원의 공간 크기로 결정되며, 이 차원들이 어떤 형태를 갖든지 간에 작으면 작을수록 칼루차-클레인 탑을 구성하는 입자들은 더 무거워지게 된다.

그러면 우리가 정말로 10,379차원의 공간 속에서 살고 있는데, 전혀 이를 의식하지 못하고 있는 것인가? 끈 이론이 맞다면, 아니다. 일반 입자들은 어떤 차원의 공간에서도 움직일 수 있지만 끈은 변덕스러운 물체라서 10차원 시공간에서만 존재할 수 있다. 더 이상한 것은 한 끈이 두 개로 쪼개지거나 두 끈이 하나로 합쳐지는 상호작용이 강해지면 이 10차원 시공간 자체가 한 차원 더 커지며 11차원의 공간으로 변한다. 그래서 끈 이론은 10차원 혹은 11차원의 시공간을 요구한다.

이러한 숨겨져 있는 차원은 모두 공간 차원이었는데, 그렇다면 시간 차원이 숨겨져 있는 것도 가능한가? 대답은 절대 '아니요' 이다. 여분의 시간 차원을 더하는 것은 시간 여행을 가능하게 하고 인과율을 파괴시키기 때문이다.

끝으로 끈 이론이 주장하는 여분 차원의 존재를 실험으로 확인하는 문제를 말하고자 한다. 3차원 공간과 1차원 시간에 기초를 둔 현대 물리학의 아주 성공적인 표준 모델은 전자와 사촌지간에 있는 뮤온의 질량 비율 같은 여러 변수들을 다루고 있으며, 오늘날 끈 이론에서는 원칙적으로 이들을 계산할 수 있다. 문제는 이들이 여분 차원의 모양에 좌우된다는 것인데 이 문제를 해결하기 위해서 끈 이론 학자들은 우선 끈 이론 방정식으로부터 가능한 모든 "끈 진공(string vacua)"들을 찾고, 어떤 진공이 표준모형의 여러 변수를 정확히 예측하는지를 바탕으로 여분 차원의 "바른 모양"을 찾아낼 수 있다고 생각했다. 일단 이 바른모양이 알려지면 자연히 그러한 여분차원을 택한 이유를 알게 될 것이다.

하지만 이 예상은 완전히 빗나갔다. 실제로 약 500자리 숫자로 표현될 수 있는 엄청난 양의 끈 진공들이 가능하다. 뿐만 아니라 이 중 약 100만 개의 진공들이 우리가 바라는 모든 표준 모델 변수들의 값을 줄 것이므로 하나뿐이라고 생각했던 끈 이론의 진공을 찾는 것을 포기할 수밖에 없을 것이다. 100만 개의 진공은 우리가 살고 있는 우주와 다른 수많은 우주를 가능하게 할 것이므로 받아들일 수 없다. 이런 경우 끈 이론은 4세기 전 조르다노 브루노(Giordano Bruno)의 이단적 이론과 다를 바 없다는 비난을 감수해야 되는 입장에 서게 된다. 그래서 현대 고위 성직자들은 16세기 성직자들이 했던 것처럼 공공연히 진화 생물학, 줄기 세포 연구, 진화 우주론과 함께 끈 이론을 비난한다.

끈 이론에서 알맞은 진공을 찾는 것은 반드시 필요한 것이고 현재 많은 연구가 이 방향으로 전개되고 있다. 끈 이론에서 가능한 진공의 수를 몇 개로 한정하는 요건을 찾는 것만 해도 많은 연구를 필요로 한다.

그러나 이러한 어려움은 예상되었고 이를 극복하기 위해 시간과 인내가 필요하다. 되돌아본다면 끈 이론은 실험적으로 확인할 수 있는 예측이 없었음에도 불구하고 많은 발전을 했다. 끈 이론은 물리학에 많은 수학적 발전과 개념적 발전을 가져다 주었을 뿐 아니라 중력과 우주론에 대한 논리적인 양자이론의 발전 토대를 제공하였다. 아마도 끈 이론의 첫 시험대는 우주론 영역이 될 것이다.

제 27 장

공간의 짧은 역사

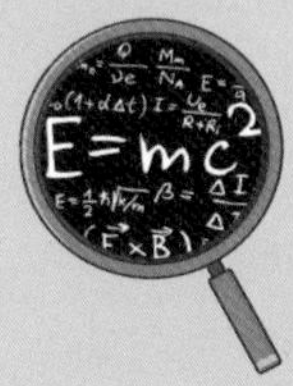

a passion for
discovery

제 27 장. 공간의 짧은 역사

갈릴레오와 뉴턴은 시간을 “신”이 준 것으로 생각했고 물질의 운동과 무관하게 모든 사람에게 똑같이 주어지는 것으로 생각했다. 옛 그리스의 유클리드 기하학으로 설명되는 3차원 공간도 모두에게 똑같이 주어진 것이었다. 모든 것이 이 공간 안에서 움직였으며 이것은 의심하지 말고 무조건 믿어야 하는 원리였다. 이것은 무리한 요구가 아니었다. 어쨌든 우리가 살고 있는 공간이 3차원이라는 것은 직관적으로 너무나 분명하여 얼핏 보면 토론할 필요도 없는 것이었다. 그럼에도 불구하고 지금 우리가 본 것처럼 미래는 우리를 위해 여분의 차원을 준비하고 있을 수도 있는 일이다.

반면에 물리학에서의 공간 또한 유클리드(Euclid)가 강요한 모든 원리를 따라야 한다는 것이 이치에 맞는 것 같았다. 그것이 아니라면 달리 무슨 대안이 있었겠는가? 갈릴레오와 뉴턴은 분명히 아무런 대안이 없었다. 그러나 19세기에 첫 대안이 발견되었고, 그다음부터는 유클리의 원리를 아무 의심 없이 그대로 믿을 필요가 없어졌다.

이런 비유클리드 기하학의 발견은 수학 역사상 가장 훌륭하고 유서 깊은 발견 중의 하나였다. 수학 역시 그 자체의 파란만장한 역사를 갖고 있다. 1823년에 오스트리아 군대 공병단 장교인 보여이 야노시(Janos Bolyai)는 바나트 지역의 테메스바르(지금은 루마니아의 티미쇼아라 지역)에 배치되어 있던 21살 때, 유클리드의 “평행선 공리”는 다른 공리들과 관계가 없다는 것과 유클리드 기하학에서는 각 점에서 주어진 한 직선과 평행한 직선이 단 하나뿐이지만 하나 이상의 직선이 가능한 기하학이 가능하다는 것을 발견했다. 덧붙이자면, 주어진 직선에 평행한 직선이 하나도 없는 기하학도 있다. 만약 이것이 불가능한 것으로 들리면 공의 표면을 생각해 보자. 공의 반경과 같은 반경을 가진 큰 원들은 “직선”이라고 판정할 수 있다. 이 “판정”이 평형선의 공리를 제외하고는 직선에 대한 유클리드의 모든 공리를 만족한다는 것은 이미 알려져 있다. 두 개의 큰 원은 모두 교차하기 때문에 이 공 위에 평행선이 없다는 것은 이제 직관적으로 분명하다. 이 논리에서는 큰 원을 직선이라고 판정하는 것이 중요하다. 그렇지 않으면 평행한 작은 원들이 무수히 존재하기 때문이다.

그 당시 보여이 야노시의 아버지 보여이 팔카스(Farkas Boylai) 역시 기하학자로서 수학 논문집 ‘Tentamen’를 준비하고 있었다. 그 논문집은 1831년 출판되었고 아들의 발견이 부록에 포함되어 있다. 아버지 보여이는 당시 수학계의 왕자였던 그의 옛 괴팅겐 학생 때의 친구 카를 프리드리히 가우스(Carl Friedrich Gauss)에게 의견을 물었다. 2000여년간 군림했던 유클리드 기하학을 바꿀 수 있다고 주장하는 것은 거의 혁명적인 것이었으며 보여이 부자는 이것을 잘 알고 있었다.

유명한 가우스는 다음의 이유 때문에 친구 아들의 연구를 칭찬할 수 없다고 대답했다.

"이것을 칭찬한다는 것은 내 자신을 칭찬하는 것과 같다. 모든 내용이 내가 지난 30년 동안 내 마음속에 있던 생각과 거의 같다."

과학자로서 가장 비열한 행동의 하나로 평가되는 가우스의 이런 행동은 기본적으로 이 발견에 대한 그의 우선권을 주장한 것이었다. 이 내용을 출판하지 않은 것에 대한 그의 변명은 그때 사람들이 그의 혁명적인 생각을 이해할 만큼 성숙하다고 보지 않았다는 것과 비슷한 것이었다.

보여이 야노시와 동일한 기하학을 발견한 1826년의 니콜라이 로바쳅스키(Nikolai Ivanovich Lobachevsky)의 연구 논문은 처음에는 상트페테르부르크(St. Petersburg) 학술원에 의해 거절당했다가 결국 1829년에 카잔 통신(Kazan Messenger)에 의해 출판되었다. 당연히 이 논문은 가우스에게 도착했고 그는 만족한 듯이 그의 친구 보여이 팔카스에게 이것을 알렸다. 그의 아들은 이등에서 삼등으로 강등되었고, 은메달이 소련 사람에게, 금메달은 괴팅겐으로 돌아간 것이었다. 아들 보여이는 격분했다. 그는 로바쳅스키가 실존 인물이 아니라 생각했고, 가우스가 자기를 속인다고 생각했다. 한편 로바쳅스키는 꼼꼼한 사람이 아니었기 때문에 보여이는 로바쳅스키의 논문에서 경미한 결점들을 발견하고 서슴없이 이를 지적하였다. 이것이 보여이가 자신에게 닥친 불행을 대처하는 유일한 길이었으며 그 후 그는 갑작스러운 죽음을 맞이했다.

가우스의 입장에서 보면 그의 행동은 자기 것이라고 믿었던 명예를 주장한 것 뿐이라고 말할 수 있다. 이것이 왜 잘못인가? 하지만 한 가지 문제는 그가 비유클리드 기하학을 발견했다 하더라도, 이 혁명적인 발견을 출판할 용기가 없었다는데 있다. 과학에서 가장 탁월한 발견을 했다면 죽을 때까지 발표하지 않는 것은 있을 수 없는 일이고, 만약 그랬다면 그것을 인정해서는 안 되는 것이다. 과학자는 자기 발견이 옳다는 믿음에 대한 용기를 가지고 있어야 한다. 그런데 가우스의 경우에는 더 잘못된 것이 있다. 그가 주장한 우선권 주장이 이번이 유일한 것이 아니었던 것이다. 가우스의 최대 희생자는 프랑스의 수학자 아드리앵마리 르장드르(Adrien-Marie Legendre)였다. 1906년에 르장드르는 주어진 자료에 맞는 곡선을 결정하는 최소 제곱법을 발명했다. 3년 후에 가우스가 같은 논문을 출판했고 자기가 르장드르의 책을 본 것을 인정하면서도 자신이 먼저 이것을 알고 있었으므로 공적을 인정받아야 한다과 주장했다. 오늘날까지 많은 사람들이 이 방법을 가우스의 이름과 연결시키고 있다.

르장드르는 자연수 중에 소수의 비중에 대한 연구를 한 최초의 사람이었다. 그는 이 비중을 근사적으로 나타내는 하나의 미지수를 구하는 공식을 예측하고, 소수를 하나하나 세는 "실험적" 방법을 통해 이 미지수가 1에 가깝다는 것을 증명했다. 수년이 지나서 가우스는 이 문제 연구에 착수했고 이 미지수가 정확하게 1이 된다는 개선된 예측을 내놓았다. 또다시 그는 이것을 르장드르보다 먼저 알고 있었지만 단지 출판하지 않았다고 주장했다. 지금 이 두 예측은 완전히 증명되어 있다.

정수론에서 오늘날까지 "르장드르 기호"에 의해 표시되는 기본적 2차 상호성 공식도 가우스가 그 후에 증명했는데 그는 이것도 그가 먼저 했다고 주장했다. 당황한 프랑스 사람 르장드르은 가우스에 대해 공개적으로 그의 분노를 표현하기도 했다.

"다른 사람의 발견을 횡령할 필요가 없는 충분한 장점을 가진 사람이 이렇게 과도한 몰염치함을 가지고 있다는 것은 믿을 수가 없는 일이다."

르장드르와 보여이의 연구에 대한 가우스의 주장이 잘못된 것이라고 해도, 가우스는 여전히 지금까지 가장 훌륭한 수학자로 남아있다. 그럼에도 어떻게 된 것인지 이 최고의 천재는 다른 사람이 중요한 발견을 하는 것을 보고 있을 수 없었던 것 같다. 그는 자신과 같은 고귀한 사람은 당연히 그러한 권리를 요구할 수 있다는 것을 주장하기 위해 그의 지위를 이용하는 것을 부끄러워하지않았다. 가우스는 그가 남에게 뒤진다는 것을 받아들일 수 없었던 것이다. 어쨌든 빌헬름 베버(Wilhelm Weber)와 그의 동상은 아직도 나란히 괴팅겐에 서있고 그들이 공동으로 한 전보의 발명을 기념하고 있다. 가우스가 모스 기호를 자신이 먼저 발명했다고 주장하지 않았다는 것은 정말 다행스러운 일이다.

이 이야기는 오늘날 빠르게 변하는 세상에서도 교훈으로 삼아야 할 이야기이며 우리에게 다시 한번 플루타르크의 지혜를 상기시키는 이야기이다. "만일 어떤 일을 어쩔 수 없어서 하는 것이 아니라 그 일 자체의 매력 때문에 하는 것이라면 그 일을 하는 사람은 존경을 받을 가치가 있다."라는 말을 다시 인용하지 않을 수 없다.

이와 같은 경쟁과 서로 다른 주장들, 그리고 경쟁 구도들은 물리학 같이 경쟁이 심한 학문에서는 어쩔 수 없는 일이었으며 앞으로도 그럴 것이다. 미적분 발견의 우선권에 대한 뉴턴과 라이프니츠(Leibniz)의 오래된 분쟁을 생각해 보자. 오늘날 우리는 그들이 서로 독립적으로 다른 연구를 했으며 뉴턴이 잘 알고 있던 아르키메데스(Archimedes)와 페르마(Fermat)도 이 발견에 결정적인 공헌을 한 것을 알고 있다. 오늘날까지도 이런 사건들은 놀라울 만큼 반복적으로 일어나는데, 대부분의 경우에 역사가 최종적인 정당한 판결을 내린다. 이러한 판결은 판사가 아닌 선입관 없는 후세 사람들의 호기심에 의해 이루어지게 되는 것이다.

과학으로서 물리학은 선입관 없는 젊은이들의 호기심에 의해 진보해 왔다. 모든 인간사에서와 같이 물리학에서도 큰 발전은 잘못된 출발, 명백한 잘못, 막판 실수를 통해 이루어졌다. 더욱이 이러한 발전은 틀린 주장을 한 사람들이 갑자기 잘못을 인정하고 반대자들의 논리를 받아들이면서 이루어지는 것이 아니다. 이것은 너무나 현실과 동떨어진 이야기이다. 막스 플랑크(Max Planck)가 예전에 말했듯이 물리학은 옳은 주장을 한사람들이 틀린 주장을 한사람들을 납득시키면서 발전하는 학문이 아니다. 그런 과정과 아주 거리가 멀다. 물리학은 주어진 순간에 알려져 있는 여러 개념들을 통해 진화한다. 틀린 개념을 지지한 물리학자들은 잘못된 생각을 계속 붙들고 있다가 결국 죽는다. 그래서 자연이 모든 것을 해결한다. 죽은 이들과 아무 연관이 없는 새로운 세대가 자연스럽게 옳은 개념을 골라 연구를 계속한다.

공간의 역사로 되돌아와서 보면 유클리드의 공간은 평평하다.

반대로 비유클리드의 공간들은 휘어있다. 예를 들어 분명히 평평하지 않은 흰 공의 표면을 생각하자. 이 공은 극에서나 적도에서나 어디서도 균일하게 휘어있다. 일반 상대론에서 아인슈타인은 물리적 공간은 곡률이 있다고 했지만 이 곡률은 위치에 따라 다르다. 질량과 에너지가 많은 곳은 더 휘어 있고 그렇지 않은 곳은 적게 휘어 있다. 아인슈타인의 중력 자체가 이 곡률의 측정 단위로 쓰인다.

끈 이론은 이러한 관점을 완전히 바꾸어 놓았다. 왜냐하면 끈 이론은 제일 짧은 길이가 존재한다는 전제로 만들어진 것이기 때문이다. 이 짧은 길이 이하에서는 기하학 자체의 의미가 없어진다. 이 길이는 원자핵의 십억의 십억분의 일만큼 짧을 수 있다. 일단 이렇게 최소 단위의 길이가 자연에 존재한다고 가정하면 다른 주목할만한 일들이 발생한다. 이것은 이미 1960년도에 하이젠베르크의 절친한 친구 카를 프리드리히 폰 바이츠제커(Carl Friedrich von Weizsäcker)가 생각했던 것이다. 전쟁 중에 자기 자신을 스트라스부르(Strasbourg)의 교수로 임명했던 바이츠제커는 전쟁이 끝날 무렵 그의 관심을 물리학에서 철학으로 옮기고 미래 연구소를 세웠다. 그래서 유명한 실험 물리학자 볼프강 파울(Wolfgang Paul)은, 파울리(Pauli)가 아닌, 전쟁 중 그의 장래를 프랑스 점령에 걸었던 사람만이 미래 연구를 할 자격이 있다고 그를 비꼬았다. 그럼에도 바이츠제커는 독일에서 대단히 인기 있는 사람이 되었다. 여론조사에서 그는 콘라드 아데나워(Konrad Adenauer)수상과 함께 서독에서 가장 인기 있는 사람 중 한 명이었으며, 후에 그의 동생 리하르트는 독일의 최고 대통령 중 한 사람이 되었다. 아무튼 폰 바이츠제커 가문은 저명했으며, 카를 프리드리히(Carl Friedrich)의 아버지는 히틀러의 교황청 대사였다.

전쟁 전 바이츠제커는 간결함과 놀라운 직관으로 물리학에 공헌을 했다. 1960년도에 철학과 물리학을 혼합함으로서 폰 바이츠제커는 그 당시 하이젠베르크가 깊이 연구하고 있던 최소 길이의 개념을 밝혀내려고 시도했다. 그러한 길이가 없다면, 한 입자의 “양자 상태”를 설명하기 위해 아무리 작은 공간 영역에서라도 그 입자를 발견할 수 있는 가능성을 구할 수 있어야만 했다. 이 말은 그 입자가 가질 수 있는 상태가 무한히 많다는 것을 뜻했다. 이 무한히 많은 상태는 수학자들이 힐베르트(Hilbert) 공간이라고 부르는 무한 차원의 공간을 이룬다. 바이츠제커는 만약 최소 길이가 존재한다면 힐베르트 공간은 더 이상 무한 차원이 아니라는 것을 밝혔다. 이 입자가 최소 길이 안에 존재할 가능성은 있거나, 아니면 없거나, 즉 반이었으므로 이 입자가 가질 수 있는 가능한 상태의 수는 ‘2’를 온 우주에 있는 최소 입방체들의 수만큼 곱한 숫자만큼 많다고 결론지었다. 또한 그는 이 최소 길이가 원자핵 크기일 것이라고 가정하고 천문학에서 알려진 우주의 크기로부터 우주에 있는 최소 입방체의 수는 120자리의 수라고 결론지었다.

나는 폰 바이츠제커가 이런 주장을 한 논문을 찾을 수는 없었으나 그럴 필요가 없었다. 왜냐하면 그는 기자 회견에서 이러한 주장을 했고 이것이 광범위하게 뉴스에 보도되었기 때문이다. ‘2’를 120자리 숫자만큼 곱한 숫자는 무한대에 가까운 숫자가 되고, 인간이 이렇게 거대한 숫자에 직면하면 대부분 사람들은 경외심을 가지게 된다. 그와 같은 저명한 사람이 이러한 주장을 했을 때 기자들은 더욱 경외심을 가졌을 것이다. 거짓이라고 생각하겠지만 기자들은 이 중요한 새로운 발견에 대한 반응을 알아보기 위해 여러 물리학자에 몰려들기 시작했다.

함부르크에서 한 기자가 저명한 이론물리 학자면서 아주 현실적이고 굉장한 유머감각을 가지고 있었던 해리 레만(Harry Lehmann)에게 논평을 해 달라고 했을 때, 그는 그 개념은 멋지기는 하나 틀린 부분이 있다고 했다. 그의 견해로는 힐베르트 공간의 차원은 폰 바이츠제커가 제안한 거대한 수의 반에 불과하다고 했다. 기자는 레만에게 이 주장은 무엇에 근거한 것이냐고 물었다.

레만이 말하기를 "폰 바이츠제커 교수에의 하면 힐베르트 공간의 차원은 매번 '있다' 혹은 '없다'라는 대답을 할 때마다 두 배로 늘어난다. 그러나 이 이론이 맞느냐 틀리느냐 하는 문제도 고려되어야 한다. 이 질문에 대한 대답은 이미 '없다'라고 알려져 있기 때문에 힐베르트 공간의 차원을 매번 두 배로 늘리는 것은 불합리하다."라고 했다. 불행하게도 그 기자는 레만의 민감한 유머 감각을 이해하지 못했고, 그래서 레만을 신문에서 진정한 천재를 질투하는 편협한 사람으로 조롱했다. 만약 여기서 질투할 이유를 가진 사람이 있다하더라도, 해리 레만은 분명히 아니다. 함부르크에서 그는 긴 시간 동안 전차를 타고 가면서 나에게 그 이유에 대해 말해주었다. 그는 그가 신문에서 받은 취급에 대해 분노했지만 그의 눈빛은 다른 이야기를 하고 있었다. 폰 바이츠제커의 제안은 아주 엉뚱한 것같이 들리지만 조금 변형된 모습으로 지난 몇 년 사이 끈 이론에 다시 등장하게 된다.

Funkasaurus
Max moon
619
HBK + HHH = DX
McMahon = god?
Bang = Bundy splash
3:16
HLA

제 28 장

다가오는 시대

a passion for
discovery

제 28 장. 다가오는 시대

위튼(Witten) 시대는 종말을 향해 가고 있는 이 때에 잠깐 시간을 내어 우리가 얼마만큼 왔고, 어디로 향하고 있고, 새로운 지도자가 나타나고 있는지를 생각해 볼 필요가 있다. 나는 마지막 질문에 대한 답은 '예' 이고 이 지도자가 누구인지에 대하여 예측할 용의가 있다. 불쌍한 세례 요한을 보면 나는 이러한 근거 없는 예측이 내포하는 위험을 잘 알고 있다. 그러나 요즘 시카고에는 살로메(Salome) 같은 사람들이 없으며, 내가 억측을 하고 있다고 분명히 경고했기 때문에 나는 나의 의견을 말해도 괜찮다고 생각한다.

끈 이론은 되풀이되는 혁명을 통해 진화해 왔다. 최근의 끈혁명은 20세기 후반에 아르헨티나 물리학자 후안 말다세나(Juan Maldacena)의 연구에서 시작했다. 그는 끈 이론에 따르면 중력이 있는 우리 세상도 중력이 없는 더 적은 공간 차원의 세상으로 보일 수 있다고 이야기했다. 공간의 차원이 세 개일 필요가 없을 뿐 아니라, 우리가 세상을 바라보는 방법에 따라 공간의 차원이 변할 수 있다는 것이다. 그리고 다른 사람들은 우리 세상의 물리학을 다른 세상의 물리학으로 번역하는 사전도 만들었다. 말다세나의 개념은 3차원 정보가 2차원 그림 속에 암호화된 입체 영상(holography) 을 연상케 한다.

이 입체 영상적 접근은 현재 끈 이론 연구의 제일 중요한 이슈가 되고 있으며, 말다세나는 새로이 떠오르는 위튼의 후계자로 등장했다. 또한 끈 이론이 우주론 및 천체 물리학과 결합하면서 새로운 방향으로 발전하고 있다. 이 발전은 1996년 하버드 대학교의 앤디 스트로밍거(Andy Strominger)와 캄란 바파(Cumrun Vafa)가 아주 오래전에 야콥 베켄슈타인(Jacob Beckenstein)과 스티븐 호킹(Stephen Hawking)이 계산한 신비한 블랙홀의 수수께끼였던 엔트로피(entropy)를 처음으로 끈 이론을 사용하여 아주 잘 설명할 수 있다는 것을 밝혀냄으로써 시작되었다.

이론 물리학 사업은 지금 유능하고 믿음직한 젊은이들에게 맡겨져 있고, 이들의 지식은 억제할 수 없는 갈망에 의해 발전하고 있다. 그것은 전 세계적 사업이고 누구든지 참가할 수 있다. 그러나 누구든 분명 새로운 말할 거리를 가지고 있어야 한다. 이것은 아주 멋진 경기이며 누구든지 참가할 권리가 있다. 하지만 이 경기는 진지한 것이기에 그냥 와서 우선적인 대접을 주장할 수 없다.

아마도 여기서 당연히 말다세나에 관한 이야기가 이어져야할 것 같은데 내가 그런 이야기를 할 수 없음이 유감스럽다. 우리는 선배나 동기들의 이야기는 많이 듣지만 젊은 사람들의 이야기를 들을 기회는 드물다. 새로운 세대에 대한 이야기들은 미래를 위한 것이다. 누군가 다른 물리학자가 내가 중단한 곳에서부터 또 다른 새로운 이야기를 시작할 것이다.

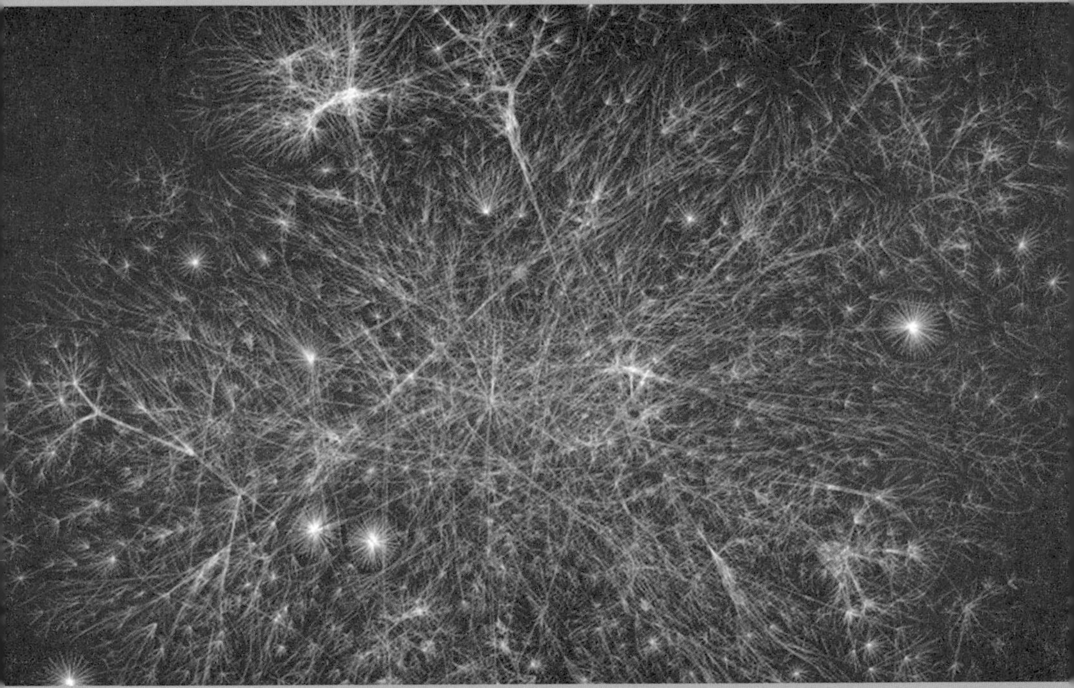

맺음말

목적과 수단

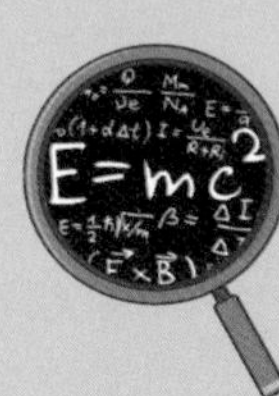

a passion for
discovery

맺음말 : 목적과 수단

수학과는 달리 물리학은 분명히 정해진 목적을 가진 과학이다. 수학에서는 물리학, 논리, 생물학, 게임 등으로부터 정보를 얻고, 무엇이든 만약 수학자들의 상상을 사로잡으면 그것을 예리하게 연구한다. 그러나 궁극적인 목적을 갖고 있지 않으며 일단 연구가 성공하면 그것으로 목적은 달성된다. 나는 수학이 새로이 연구할 문제가 없이, 끝날 때가 언제일지 짐작할 수가 없다. 다시 말해, 초현실주의자들의 말을 빌린다면, 수학이 아름다운 시체가 되는 때가 언제인지 상상할 수가 없다.

반대로 물리학은, 더 정확하게는 자연의 법칙을 찾아내는 것에 종사하는 물리학 분야는, 명확히 규정된 목적을 가지고 있다. 사소한 몇 개의 문제들이 남아있겠지만 일단 이 목적이 달성되면 물리학은 끝난다. 라그랑주(Lagrange)가 뉴턴의 획기적인 발견 후에 불평한 것처럼 불행히도 자연의 법칙은 단 한 번 발견을 위해서 존재한다. 아마도 우리는 자연의 법칙을 발견하는 일을 영원히 끝낼 수 없을 지도 모른다. 사물의 핵심을 더 깊게 파고들어 갈수록 더 많은 법칙과 더 많은 놀라움들이 우리를 기다리고 있을 수 있다. 언제 우리가 이 일을 끝낼 수 있을지 알 수 있는 방법도 없다. 그러나 모든 이론 물리학자들은 마음속으로 우리가 모든 것을 끝내고 이 법칙들을 들고 산에서 내려오는 축제에 참가

하기를 원하고 또한 그 축제에 자신이 공헌할 수 있기를 진심으로 바라고 있다.

그러나 이 축제가 끝나면 어떤 일이 일어날까? 하나의 가능성은 우리가 다른 일로 옮겨간다는 것이다. 우리가 알고 있는 이 모든 단순한 법칙들을 가지고 우리는 아주 복잡한 그리고 아주 유용한 연구를 시작할 것이다. 우주론, 고체 물리학, 혼돈 이론과 이와 연관된 주제들이 번창하고 무대를 장악하는 시대가 올 것이다. 나는 정말로 우리가 이러한 시대에 가까이 와있는지 알고 싶다. 그러나 내가 죽기 전에 이 약속의 땅을 볼 것이라고는, 내 손자들마저 그 약속의 땅을 어렴풋이라도 볼 수 있을 것이라고는, 생각하지 않는다.

우리는 물리학의 역사로부터 그 미래를 짐작할 수 있다. 물리학에서 첫 중요한 발견들은 갈릴레오, 뉴턴, 케플러, 하위헌스(Huyghens)에 의해 17세기에 이루어졌다. 그 결과 역학, 광학, 중력 이론이 만들어졌다. 그 당시 전세계적으로 몇 명의 과학자들이 이 중요한 발견들을 위해 노력했던가? 현재 보스턴 근처의 연구소에 있는 연구자들의 수보다 더 적다.

다음으로 19세기에 영국과 불란서에서 증기 기관차를 개발한 후, 우리는 헬름홀츠(Helmholtz), 사디 카르노(Sadi Carnot), 클라우지우스(Clausius) 그리고 다른 몇 사람들의 이름과 관련된 열역학과 열 이론(theory of heat)을 낳은 두 번째 큰 발견들을 했다. 이를 위해 더 많은, 그러나 오늘날의 표준으로는 많지 않은, 물리학자들이 전세계에서 연구했다.

개척자 쿨롱(Coulomb)과 암페어(Ampere)에 의해 시작되었고, 19세기 마이클 패러데이(Michael Faraday)와 제임스 클러크 맥스웰(James Clerk Maxwell)에 의해 전성기에 도달했던 전자기학에 대해서도 같은 말을 할 수 있다.

20세기는 속도가 빨라지고 물리학자의 수가 갑작스럽게 늘어났다. 20세기 물리학은 모든 사람에게 개방되었으나 몇몇 사람들만 볼츠만의 설득에 의해 원자개념을 중요하게 받아들였다. 에른스트 마흐(Ernst Mach)와 화학자 빌헬름 오스트발트(Wilhelm Ostwald)를 포함해 나이든 사람들은 아직 아무도 원자와 분자를 보지 못했으며, 확인되지 않은 원자의 존재를 가정한 세상을 받아들일 수 없다고 볼츠만을 비난한다. 그들이 얼마나 잘못하고 있는 것인가! 오늘날 우리는 분자와 원자의 사진도 가지고 있다. 아인슈타인과 보어의 연구 이후 이 반동주의자들이 잘못을 뉘우쳤을 것이라 생각하겠지만 사실은 그렇지 않았다. 이 영향력 있는 비판자들이 죽은 후에야 볼츠만의 개념이 승리할 수 있었다.

이때 역사적 상황은 보다 기술적으로 변하게 된다.

일단 원자를 대상으로 하는 미시적 세계에서는 전통적인 결정론적 물리학 법칙들이 적용되지 않고 하이젠베르크와 슈뢰딩거에 의해 발견된 새로운 양자 이론을 필요로 하게 되었다. 또한 고속으로 움직이는 물체의 연구는 특수 상대론을, 중력 개념의 일반화는 일반상대론을 탄생시켰다. 그런데 빛의 속도에 가까운 속도와 미시적 현상을 동시에 다루기 위해 반물질의 존재를 예측하는 디랙의 상대론적 파동 방정식이 도입되었고 이것은 양자장론과 재규격화로 발전하게 되었다. 지금부터 나오게 될 모든 사람들의 이름을 아는 것이 물리학의 이해를 위해 꼭 필요한 것은 아니다. 중요한 것은 줄거리를 이해하는 것이다.

대체로 양자장론의, 특히 전기 약력 표준 모형과 강한 상호작용을 기술하는 양자 색역학의, 성공은 게이지 불변성과 대칭성에 바탕을 두고 있다. 이 대칭성은 모든 물질이 몇 개의 기본적인 입자 특히 쿼크로 되어있음을 의미한다. 그리고 이 이론들을 하나의 대통일이론으로 묶을 수 있다. 그러나 이것이 미시적 물리학의 최종 답은 아니다. 아직 중력이 남아 있다. 이 중력을 포함시키기 위해서 확장된 물체, 즉 끈이 필요하며 이 끈의 안정성을 위해 초대칭성이 필요하게 된다. 또 이 초대칭성은 아인슈타인의 일반 상대론을 초대칭적 중력 이론으로 확장시킨다.

이 모든 것은 너무나 필연적이고 너무나 당연한 것이나, 역사는 이 필연성에 따라 진행되지 않았다. 우리가 알고 있는 끈 이론은 처음 난부, 서스킨드(Susskind), 닐슨(Nielsen)이 도입했으나 존 슈워츠(John Schwarz)와 조엘 셰르크(Joel Scherk)같은 몇 사람을 제외하고는 다들 이 이론을 버리고 떠났다.

또한 가브리엘레 베네치아노(Gabriele Veneziano)가 끈 이론의 진폭을 발견한 것은 어니스트 헤밍웨이(Ernest Hemingway)의 '노인과 바다'에서 주인공이 뼈밖에 남지 않은 청새치를 가지고 돌아온 것에 비유할 수 있다. 물고기는 사라졌으나 사람들은 그 뼈로부터 거대한 청새치를 연상할 수 있었다. 마찬가지로 물리학자들은 베네치아노의 연구로부터 끈 이론의 완전한 형태를 발견했다. 종종 일들이 이런 방식으로 일어난다. 사람들은 "나는 오늘 큰 발견을 할 것이다"라고 하면서 큰 발견을 하지 않는다. 만약 그러려고 한다면 비극적 실패를 맛보게 될 것이다.

이 끈 이론이 모든 것의 법칙이 될 수 있다는 슈워츠와 셰르크의 제안은 너무나 거대한 것이어서 대부분의 사람들은 그냥 웃어 넘겼다. 그러나 1984년 이 끈 이론에서 첫 혁명이 일어났고 칸델라스(Candelas), 호로비츠(Horowitz), 스트로민저(Strominger), 위튼(Witten)은 우리가 살고 있는 세상과 끈 이론을 연결시키는 자연스러운 방법을 찾았다. 그러나 이 끈 이론이 실험적으로 성공했을까? 아직은 아니다.

1984년의 혁명 이후에 끈 이론은 흥미로운 양식을 따라 발전했다. 발전이 벽에 부딪히면 오래가지 않아 새로운 혁명이 일어나 새로운 돌파구를 만들었다. 그러나 현재 끈 이론의 발전 속도는 느리다. 이것은 어쩔 수 없다. 중요한 새 개념을 부화시키는 데는 시간이 필요하다. 양과 밀즈의 이론은 1953년에 나왔으나 그 중요성은 1970년 중반이 되어서야 인정받았다.

오늘날 통신은 상상할 수 없을 만큼 빠르게 이루어진다. 인터넷의 도움으로 칠레에 살고 있는 당신이 아침커피를 마시며 고안한 생각을 오후까지 워드프로세스로 정리해 저녁에 내보내면, 다음날 아침 교토에 있는 이론 물리학자는 료안지 정원이 내려다보는 곳에서 차를 마시면서 한 시간 전에 인쇄한 당신의 논문을 읽고 결점을 깨닫게 되는 순간까지 당신을 칭찬할 것이다. 그리고 그 다음날 아침이 되면 당신의 논문은 과거의 역사가 된다.

내가 물리학을 시작했을 때는 논문의 초판을 제작하는 것이 쉬운 일이 아니었다. 그래서 일주일에 많아야 세 개의 초판이 나왔다. 오늘날 일주일에 200~300개의 초판들이 인터넷에 올라온다. 이것들을 다 읽을 수는 없다. 그래서 나는 먼저 저자의 이름을 본다. 만약 누구누구의 이름이 포함되어 있다면, 여러 해의 경험으로 더 이상 읽을 필요가 없다. 만약 다른 누구누구의 이름이 포함되어 있으면 읽어보는 것이 좋다. 만약 저자들의 이름이 생소한 경우라면 제목을 본다. 만약 제목이 흥미롭고 공감을 자아내면 개요를 읽는다. 이것이 10년 전에 알려진 내용이면 다음 논문으로 눈을 돌린다.

그러다가 때때로 우연히 “세상에! 이게 진짜야?” 같은 좋은 논문을 발견한다. 이 경우에는 논문의 결점을 찾기 위한 토론을 하기 위해 동료의 사무실로 달려간다. 점심때까지 결점을 찾을 수 없다면 싫던 좋던 간에 우리는 이 논문을 인정하기 시작한다. 그러다 갑자기 새로운 사실을 깨닫게 된다.

푸엥카레(Poincare)는 그의 유명한 푸크스 함수(Fuchsian function)를 마차에 타는 순간 생각해냈으며 케쿨레(Kekule)는 꿈 속에서 벤젠 고리에 대한 개념을 얻었다고 한다. 만약 트리니티 칼리지(Trinity College)가 뉴턴의 방에 샤워기를 설치했다면 그가 얼마나 더 많은 이론을 만들었을지는 신만이 알 것이다.

실험 물리학에서는 복잡하고 비싼 실험을 하기 위해 많은 공동연구자들이 필요하다. 이론 물리학에서는 아직도 칠판과 분필이 기본 수단이다. 칠판은 값싸지만 여러 사람이 동시에 사용할 수 없다. 그러므로 이론 물리학 발견의 과정은 아직도 뉴턴이 트리니티 칼리지에 있었을 때와 마찬가지로 고독하다.

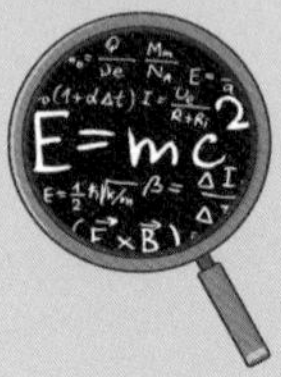

a passion for
discovery

몇 가지 추가 이야기

독자들이 이 책을 끝까지 읽도록 유혹하기 위해 나는 몇 개의 이야기들을 추가했다.

A. 하이젠베르크의 통일장 이론

1974년 하이젠베르크는 마지막으로 미국을 방문을 했다. 그는 미국 동부와 시카고에서 강의를 했다. 그는 우리에게 두 개의 주제(통일장 이론과 양자 이론의 역사)를 주며 선택하라고 했다. 그의 방문이 순조롭게 진행되도록 우리는 현명하게 논쟁의 여지가 적은 역사 강의를 선택했고 그것은 뛰어난 강의였다. 매우 큰 콥 홀(Cobb Hall)에서 개최된 강의는 만원이었다. 나는 강의 시작 15분 전에 도착했으나 자리가 없어 서있어야 했으며, 그가 소개되는 동안 정작 자신은 계단에 앉아 있어야 했다. 그는 양자 이론을 만드는 과정에서 디랙의 막대한 역할에 대하여 강의했다. 그는 디랙이 발견한 반물질이 진정으로 혁명적인 것이라 설명했다. "반물질 이전에 나는 수소 원자는 양성자와 전자로 되어있다고 믿었다. 하지만 디랙에 의해여 갑자기 양자 이론의 아주 중심적이었던 문제인 "수소가 무엇으로 구성되어 있는가?"라는 질문 자체가 의미가 없었다는 것이 드러났다."

시카고 대학에서 하이젠베르크는 그의 마지막 방문지인 캘리포니아 공과대학교(Caltech)에 갔다. 시카고와 달리 그곳은 그에게 통일장 이론 강의를 요구했다. 그 강의는 리차드 파인만이 사회를 본 큰 행사였다. 그 강의를 들었던 그 당시 파인만 학생이었던 탐 커트라이트(Tom Curtright)가 나에게 말한 바로는, 파인만이 "전쟁 전에는 하이젠베르크 교수는 세계에서 가장 존경받는 교수였다"라고 그를 소개한 뒤, 강의 중에 계속해서 하이젠베르크의 결함들을 가능한 명확하게 지적하기 위하여 그의 강의를 중단시켰다고 했다. 강의가 끝난 후 하이젠베르크는 충격을 받은 것처럼 동요했고, 일부 동료들이 파인만의 행동을 비난하자 그는 이렇게 말했다.

"우리가 이야기하고 있는 사람은 대학교 일학년 신입생이 아니라, 바로 하이젠베르크이다. 만약 그로부터 정확한 말을 기대할 수 없다면, 누구로부터 그것을 기대할 수 있겠는가?"

B. 오펜하이머 이야기

압두스 살람(Abdus Salam)이 연구소에 와서 오펜하이머에게 중복 발산에 관한 그의 유명한 논문을 주었는데, 그는 논문을 이해하는데 필요한 도표를 빠트린 것을 알아차렸다. 그래서 그는 빠트렸던 도표를 가지고 오펜하이머의 사무실로 다시 갔다. 그때 오펜하이머는 사무실에 온 손님에게 새로 연구소에 온 총명한 젊은 파키스탄 물리학자가 준 논문을 얼마나 즐겁게 읽었는지를 설명하고 있었다. 살람은 "논문을 이해하는데 이 도표가 필요합니다."라고 했고, 오펜하이머는 얼굴이 빨개지면서 "도표 없이도

이 논문을 이해할 수 있어."라고 대답했다.

다른 비슷한 이야기는 데이비드 페어리(David Fairlie)가 고인이 된 트루드 골드하버(Trude Goldhaber)로부터 들은 것이다. 오펜하이머가 강의를 하고 있었는데 "나는 당신이 그 수식을 어디에서 얻었는지 모르겠소"라고 말하는 인도에서 온 한 방문객에 의해 중단되었다. 오펜하이머는 "만약 당신이 이것을 이해하지 못한다면 지금 여기에 있을 자격이 없어!"라고 하면서 당당하게 그를 꾸짖었다. 그 순간에 위대한 유진 위그너(Eugene Wigner)가 미안한 듯이 기침을 하며 "죄송합니다. 오펜하이머 박사, 나도 그것을 이해할 수 없습니다."라고 하며 인도에서 온 방문객을 지지했다.

오펜하이머와 그의 형 프랭크의 상황이 어려워졌을 때, 그는 자신을 보호하기 위하여 자기 학생 몇 명을 위험한 공산주의자라고 당국에 고발함으로서 그들을 희생시켰다. 그들이 공산주의자였다는 것은 사실이지만 위험하지 않은 공산주의자들이었다. 자신이 더 심각한 무엇을 숨기고 있으면서 자신의 학생들을 고발한다는 것은 어떤 도덕적 규약으로도 합리화시키기 어려운 행동이었다. 그의 고발로 총명한 데이비드 봄(David Bohm)은 기소당했고 바로 프린스턴 대학 교수직을 해임당했다. 그의 우수성을 전적으로 인정한 아인슈타인은 그를 프린스턴 고등 연구소에 임용할 것을 주장했다. 그러나 소장이었던 오펜하이머는 봄의 임명에 거부권을 행사했다. 봄은 미국을 떠나야 했고 브라질과 이스라엘, 그리고 영국에서 훨씬 더 우수한 중요한 발견들을 했다. 나는 봄이 평화롭게 프린스턴에서 계속 연구를 했다면 어떤 결과들을 가져왔을지 궁금하다.

C. Touschek(토우셰크) 이야기

토우셰크는 로마에서 가르다 호수로 가는 길에 있는 피사의 야외 식당에서 나에게 이 이야기를 해주었다. 우리 식탁이 많이 기울어져 접시들이 미끄러지기 때문에 우리는 종업원에게 식탁을 고쳐달라고 했으나 종업원은 "고객님, 당신들은 지금 피사에 있습니다."라고 하며 우리를 무시했다. 토우셰크는 파울리에 대한 또 다른 이야기를 들려주었다. 파울리가 로마에 와서 몇 년 전에 아주 좋은 키안티 포도주를 마셨던 음식점에 다시 가기를 원했다. 그는 음식점 위치를 기억하지 못했기 때문에 그의 "육감에 따라" 걸었다. 토우셰크는 걸어가는 동안 파울리에게 자신의 시간 반전에 대한 연구를 설명했다. 파울리는 "그래, 맞아"라며 찬성했고 연신 고개를 끄덕였다. 파울리의 비평적인 성격을 잘 아는 토우셰크는 자기를 칭찬하는 줄 알고 아주 만족했다. 결국 그들은 음식점을 찾았는데 파울리는 "내가 오는 길에 계속 우리가 옳은 방향으로 오고 있다고 했지?" 하고 말했다.

D. 퀴리 부인 이야기

그녀는 물리학과 화학 분야에서 모두 노벨상을 탄 유일한 사람으로 내가 약간의 빚을 지고 있는 사람이다. 그녀는 남편 피에르 퀴리(Pierre Curie)와 함께 노벨 물리학상을 공동 수상했고, 프랑스 언론들이 그녀에 대한 명예훼손 운동을 끝낸 후에야 노벨 화학상이 그녀에게 주어졌다. 피에르 퀴리는 마차에 깔려 죽었다. 그 당시 그는 심각한 우울증에 걸려 있었는데 방사선 병 때문일 가능성이 크지만 언론에서는 그의 우울증을 아내의 외도 탓으로 돌렸다. 남편의 사망 후에 그녀는 옛 학생 폴 랑주뱅(Paul Langevin)과 더 깊은 사랑에 빠졌었는데 랑주뱅의 아내는 이혼 소송을 제기했고, 퀴리 부인을 상대자로 지명했다. 신문들은 "외국인이 단란한 프랑스 사람의 결혼을 망친다."라는 기사와 함께 그녀를 비난했다. 한 기자는 랑주뱅을 "le chopin de la Polonaise" (폴란드 여자의 단골 정육점)이라고 부르기까지 했다. 이 상황은 랑주뱅이 그와 퀴리 부인의 명예를 보호하기 위하여 20세기에 피 없는 결투를 해야 했을 정도였다. 그때 아인슈타인과 러더퍼드(Rutherford) 백작을 포함한 여러 과학자들이 그녀의 새로운 공적을 인정하기 위해서, 그리고 프랑스 사람들에게 퀴리 부인이 천재적인 여인이었다는 것을 알리기 위해서 두 번째 노벨 화학상을 그녀에게 주기 위한 운동을 시작했으며 그 운동은 성공적이었다.

index